나만의 디자인 비누 레시피

天然調色香，全家都好用

植萃手工皂
研究室

利理林ririrhim

著

柔和渲染潤澤皂

徜徉大海薄荷皂

柑橘親膚皂

檸檬去油洗碗皂

來做專屬你的植萃手工皂吧

　　近年來，即便大家普遍接受了添加人工成分的清潔用品，不過，能讓肌膚更健康的天然手工皂，也重新回到大家的懷抱了。天然手工皂的製作材料源自大自然的植物油、精油與天然粉末，純淨溫和的質地讓小孩也能安心使用。沒有加入化學防腐劑的手工皂，具有改善痘痘粉刺、皮膚不適、老化等問題的效果。此外，在皂化過程中會產生豐富的天然甘油，比市售洗面乳都還要滋潤。

　　如果今天整張臉看起來粗糙又黯淡，就用富含橄欖油的手工皂讓肌膚煥然一新；想要鎮定過敏紅腫的肌膚時，可以選擇爐甘石舒緩皂來修復。每天都按照自己肌膚的狀態搭配手工皂使用，就能在不知不覺間發現自己的皮膚變得明亮又透淨。

　　在《植萃手工皂研究室》一書中，包含了三十九種能養出光滑肌膚的天然手工皂、泡澡錠的製作配方。這些手工皂不僅成分溫和，色澤與氣味都非常吸引人，能為浴室轉換為不同的氣氛。此外，本書同時也收錄了氣泡彈（bath bomb）、泡泡浴芭（bubble bar）跟浴鹽（bath salt）等泡澡錠的製作配方。

　　即便你是初學者也完全不必擔心，這本書從基礎材料開始介紹，到常用工具、關鍵字及小祕訣，製作手工皂所需的一切內容都詳細收錄，因此只要打開這本書、跟著所選的製作配方來嘗試即可。有了這本書，任誰都能輕輕鬆鬆製作出這個世界上獨一無二、專屬於自己的手工皂。

　　植萃手工皂的魅力無窮，帶給人賞心悅目的視覺享受，使用後更能滋養肌膚、維持健康狀態，是聰明人都會愛上的生活好選擇。它的美好只有「沒用過」的人，沒有「只用過一次」的人。相信各位一定也會深陷天然手工皂的魅力之中，就讓這本書成為你絕佳的指南吧。

리리킴　利理林

CONTENTS

PART 1
植萃手工皂的基礎概念

什麼是植萃天然手工皂？ • 12

手工皂的基本材料 • 14

必懂手工皂關鍵字 • 16

決定手工皂質感的基礎油 • 18

淺談油脂中的脂肪酸 • 22

增添香氣與色澤的添加物 • 24

製作手工皂必備的工具 • 30

設計專屬自己的手工皂配方 • 32

附錄：讓手工皂更精緻的包裝法 • 242

附錄：基礎油的皂化價列表 • 244

索引：依類型區分／依功能區分 • 245

PART 2

基本款冷製皂

冷製皂的基礎製作流程 • 38

中性／乾性肌膚適用

山茶花
卡斯提爾皂
40

金盞花
馬賽皂
44

爐甘石
舒緩皂
48

山羊奶
滋潤皂
52

柑橘
親膚皂
58

扁柏草本皂
64

油性肌膚適用

綠茶籽油皂
68

蒲公英
修護皂
72

磨石子
椰油皂
78

木炭
控油皂
82

徜徉大海
薄荷皂
86

家事皂

漢方蠶絲
洗髮皂
90

檸檬去油
洗碗皂
94

肉桂潔汙
洗衣皂
100

PART 3

設計款冷製皂

輕鬆上手的彩繪技巧 • 106

柔和渲染
潤澤皂
110

池邊風景
潔淨皂
114

月升之夜
薰衣草皂
120

薄荷山谷皂
126

香草天空皂
132

南瓜奶油
蛋糕皂
138

紅絲絨
杯子蛋糕皂
144

溫馨聖誕皂
150

PART 4

透明感再製皂

簡單好上手的熱製法再製皂 • 158

乾燥花
草本皂
160

金盞花
雙層皂
164

純淨薄荷
暈染皂
168

孔雀
寶石皂
172

絲瓜絡
花草皂
176

紅色
大理石紋皂
180

三層布丁
模具皂
184

魔幻彎月
海洋皂
190

PART 5

療癒感入浴劑

洗去一整天疲勞的天然入浴劑 • 198
入浴劑的基本製作流程 • 199
植萃入浴劑的必備材料 • 200

氣泡彈・浴鹽

乾燥玫瑰
氣泡彈
202

清新海洋
氣泡彈
206

小旺來
氣泡彈
210

提神薄荷
足浴劑
214

薰衣草
舒緩浴鹽
218

泡泡浴芭

星月
泡泡浴芭
222

奇異果
泡泡浴芭
226

蛋糕捲
泡泡浴芭
232

海浪
泡泡浴芭
236

PART 1

植萃手工皂的
基礎概念

先仔細瞭解手工皂的基本概念吧！
如此一來，做出天然又美觀的手工
皂絕對不是問題。這個章節從基本
材料、工具、關鍵字開始介紹，再
提供自製專屬皂的祕訣，收錄了豐
富又完整的內容。

什麼是植萃天然手工皂？

在談植萃天然手工皂之前，我們先談談普通香皂吧！肥皂是由油分與氫氧化鈉調和而成，酸性的油與鹼性的氫氧化鈉相遇之後，會產生皂化反應，在反應的過程中，這兩個成分會轉換成肥皂與甘油，以下公式是肥皂的製作原理。

> 基礎油（脂肪酸油脂）75％＋
> 鹼液（氫氧化鈉＋純水）約 30％＋添加物（精油、色素）約 1％
> → 皂化反應 → 肥皂＋甘油

天然手工皂的特性

・在皂化反應後產生的「天然甘油」能為肌膚帶來豐盈的水潤感。

・不含化學添加物、取材於大自然，肌膚不會感到刺激敏感，溫和舒服。

・可以依需求挑選喜愛的香氛和色澤等，製作出最適合自己膚質的手工皂。

・徹底掌握材料與流程，確保製作過程透明，也能避開引起皮膚過敏的物質。

・手工皂的成分使用後容易被微生物分解，對環境不會造成很大的負擔。

天然手工皂的種類

手工皂依據材料跟製作方法可分為四種種類，分別為：由自己親選基礎油以後，在低溫的條件下製作的冷製皂（CP皂）；融化皂基後製作的再製皂（MP皂）；在高溫下製作的液態熱製皂（HP皂）；還有將手工皂重新加工而成的再生皂（rebatching soap）。以下就一起來瞭解不同類型的手工皂特性，製作適合自己的手工皂吧。

冷製皂（CP 皂，Cold Process）

冷製皂是最具代表性的天然手工皂，藉由基礎油與氫氧化鈉水溶液產生反應而製成。過程中的溫度約為 35 ～ 45 度，算是在天然手工皂中溫度最低的製作條件，因此被稱為冷製皂。也因為是低溫製作，能完整保留油脂養分，用來對付痘痘、異位性皮膚炎、濕疹與乾癬等多種肌膚問題皆有不錯的效果。此外，皂化產生的天然甘油也能滋潤肌膚。

冷製皂需要至少四個禮拜以上的時間晾皂熟成，使成分穩定下來，完成皂化過程。

再製皂（MP 皂，Melt & Pour）

這個類型是融化皂基後再製作的手工皂，不需要額外的鹼液，只要把皂基融化後，加入喜歡的添加物就能完成，通常可以做成透明的寶石外觀，是一款適合初學者入門的天然手工皂。融化再製皂的保濕力比冷製皂弱一點，因此大部分的人會另外添加甘油或玻尿酸等保濕成分。

融化再製皂不需要晾皂熟成，完成後可以立即使用。

熱製皂（HP 皂，Hot Process）

熱製皂要在溫度 70 度以上的條件下進行皂化，是天然手工皂中製作溫度最高的手工皂，因此被稱為「熱製皂」。熱製法主要用於製作透明手工皂或液態皂時使用，其皂化過程比冷製皂快，晾皂熟成時間大概只需要兩個禮拜。

再生皂（Rebatching）

再生皂透過重新加工冷製皂製成，將冷製皂刨絲或切塊，以隔水加熱的方式融化，接著加入喜愛的添加物後等待凝固即完成，要留意添加物的用量只能為皂液的 1%。過程中需用小火加熱手工皂至軟化後就關火，才不會破壞手工皂的成分。

再生皂可以有效利用手工皂的邊邊角角，依自己所需增添療效，製作出全新的手工皂。

手工皂的基本材料

為了成功製作出兼具功效與美感的手工皂，熟悉各種材料、了解特性就是必備的第一步。基本上手工皂是由「基礎油、氫氧化鈉、香味及色澤添加物」所構成。以下我們來分別瞭解不同手工皂製法的基本材料。

冷製皂（CP皂，Cold Process）

基礎油

基礎油指的是製作皂液時所使用到的油，主要會使用植物油或脂油等成分。由於每一種油有不同的功效與脂肪酸，因此可透過調整比例混合不同油來製作出多樣化的手工皂。

若使用的是冷壓油，使用後務必徹底密封油瓶瓶口，並存放在光線不會直曬的陰涼處。各種油類的特性可參考 p.18 的「決定手工皂質感的基礎油」。

氫氧化鈉

氫氧化鈉是用 pH 值高達 14 的強鹼物質來電解食鹽水後所生成，在製作手工皂時，將氫氧化鈉溶於純水做成「鹼液」，具有與油脂反應的功能。

請挑選純度近乎 100％的氫氧化鈉，並建議盡快使用完畢。因為氫氧化鈉容易吸收空氣中的水分而融解。也由於氫氧化鈉碰到水就會產生熱與氣體，因此務必要小心處理。建議作業時要穿圍裙、戴手套口罩等防護用具，阻隔氫氧化鈉直接碰觸皮膚，而且作業空間要儘量確保通風。若在室外製作時，則建議在背風處進行。

製作鹼液時，要先將純水倒入燒杯，接著一點一點加入氫氧化鈉。若步驟操作相反的話，突然產生的熱氣可能會噴濺到身上，請務必留意。

純水

純水是不含微生物及礦物質的水，主要用來與氫氧化鈉一起製作成鹼液。純水的比例會影響手工皂的硬度，因此必須同時考量搭配使用的基礎油或添加物的特性。冷製皂中的純水可以替換為蒸餾水或乳製品來增添功效，不過要注意乳製品遇氫氧化鈉後，若升溫至 40 度以上就會凝結，因此建議乳製品要冷凍後再使用；若不小心因高溫產生蛋白質凝塊，可以用濾網過篩後再混合基礎油。

再製皂（MP 皂，Melt & Pour）

皂基

經過皂化過程後會產生「皂基」，也被稱為「base soap」或「soap noodles」。使用皂基製作的手工皂具有豐富的功效和色彩，而且不需要額外製作鹼液，只要融化皂基後直接調和出喜愛的色澤與香氣，就可以輕鬆完成。另外，用皂基製作的手工皂不必晾乾熟成，可立即使用，剩下的部分用保鮮膜密封後，放於陰涼處保存即可。

共同添加物

色澤添加物：天然粉末、雲母粉、食用色素（增添美麗色澤的添加物，p.27）

為了讓手工皂呈現自然又豐富的色彩，可以放入天然粉末、雲母粉與食用色素等。萃取自蔬菜、藥草與礦物等大自然材料的天然粉末，對肌膚溫和不刺激，且能發揮其特定的自然功效，因此經常用於天然手工皂。然而，如果想做出顏色更鮮豔的手工皂，就要與同一種色系的氧化物（礦物色粉）混合使用，或是以雲母粉、人工食用色素代替。

香味添加物：精油、香精油（增添療癒香氛的添加物，p.24）

添加精油或香精，可以為手工皂帶來天然的香氣。

精油具有芳香療癒的功效，最常使用的是萃取自植物的花、花苞、葉片、根部的精油。不過，因精油不耐熱，香味無法持久，建議可以在手工皂的配方中同時，混用兩種精油，加強香氣的持久度。

香精則是人工香料，只要一點點就能帶來濃郁的香味，香氣的持久度也相當高。不過，香精與皂液結合後可能因成分抵觸而發生結塊現象（必懂手工皂關鍵字 p.17），或是產生皂液凝固速度太快。所以，若選擇使用香精，可先倒一點點在皂液中，確認兩者性質是否適合後再使用。

必懂手工皂關鍵字

在製作手工皂之前，先一起搞懂這些陌生的關鍵字吧，如此一來，製作手工皂的過程能更加輕鬆！在手工皂的世界，「攪拌、trace、超脂……」等術語究竟代表什麼呢？這個章節會一一用最簡單的方式詳細説明。

Trace

英文直譯「痕跡」的意思，指的是在混合基礎油跟鹼液後，利用工具讓皂液變濃稠的狀態。通常會同時用上矽膠刮刀跟電動調理棒攪皂，若單用矽膠刮刀攪拌，皂液很容易冷卻；若只用電動調理棒，皂液則會過熱，建議輪流交替使用。一開始用電動調理棒操作，皂液會變得些許黏稠，此時就可以用矽膠刮刀拌開。反覆持續這個步驟，過程中不時使用刮刀畫出星形符號，如果可以在皂液表面留下明顯的星形，便達到所謂的「trace 狀態」。另外，在製作造型手工皂時，有時也會依照需求調整 trace 的濃度。（為了不同彩繪設計調整 trace 狀態，p.109）

皂化

基礎油與氫氧化鈉水溶液（後統一稱「鹼液」）所引起化學反應。從 trace 出現的時間點算起，就可以視為開始皂化，皂化後會產生肥皂與甘油。

皂化價

使 1g 的基礎油進行皂化所需的氫氧化鈉毫克數 (mg)。每一種油脂的皂化價不同，所以在設計手工皂配方時，隨著選擇的油脂及用量變化，氫氧化鈉的所需量也會不同。

鹼水

除了基礎油以外，手工皂材料中所用到的液體都稱為鹼水。最常用到的鹼水是一般純水，不過也能用藥草水或山羊奶代替，增加手工皂功效。鹼水主要的使用方式是加入氫氧化鈉，製作出鹼液（氫氧化鈉水溶液）。

減鹼（DISCOUNT，減少氫氧化鈉用量）

這是一種減少氫氧化鈉用量，藉此保留更多基礎油中保養成分的技巧，推薦的減鹼比例為 0 ～ 5%。簡單來説，如果將氫氧化鈉的用量減少 3%，皂化反應就會變 97%，而製作出增加 3% 基礎油保養成分的手工皂。這種技巧主要會應用於給適合敏感性肌膚或嬰兒使用的手工皂。

不過要注意的是，使用減鹼的方式製作手工皂，其酸敗的速度會變快，因此更要留意基礎油的挑選，或是避免在濕度高的夏天使用減鹼方法製作手工皂。

攪拌溫度

將基礎油跟鹼液混合的過程中所需要保持的溫度被稱為「攪拌溫度」，隨著不同的手工皂種類、季節跟外觀設計，攪拌溫度也必須隨著調整。

維持一致的攪拌溫度，才能穩定進行皂化反應。在夏季，最佳的攪拌溫度為 30 至 40 度，冬天

則為攝氏 45 度；若以不同的外觀設計來看，基本款手工皂應該維持在 45 度，而設計款手工皂則建議在 35 度至 40 度之間進行作業。通常皂液溫度若低於 30 度以下，就無法正常進行皂化反應；反之若溫度太高的話，皂液會速凝結而難以進行創作。

超脂（Super Fat）

超脂指的是 Trace 結束後再多加入的油脂。由於是完成皂化後才添加，因此可以更完整保留油分的滋養效果。一般來說，我們會使用超脂的技巧來添加比較昂貴或是具有特殊保養效果的油類。要注意的是，如果不小心添加太多油，手工皂酸敗的機率就會變高，每 1 公斤的手工皂只能多放入 10g 左右的油分，且在濕度較高的夏天，也建議不要使用超脂技巧。

結塊（Ricing）

如果皂液凝結得太快，便會產生米粒般的結塊現象。這種情況最容易發生在皂液跟香味添加物兩者性質相衝時，尤其是使用人工香料的時候，因此建議在把香味添加物混入皂液之前，先取一點皂液測試看看是否相容再使用。

保溫

保溫是為了幫助手工皂穩定皂化過程。最剛好的保溫溫度為 30 度左右，若保溫溫度低於 30 度便無法好好進行皂化，相反地，若溫度過熱，手工皂的表層則會產生裂痕。
在夏季，可以將模具放置常溫處保溫；冬天則建議用毛毯包覆模具後，放在保麗龍箱或保溫箱裡來維持溫度。

果凍現象

原本應該為均色的手工皂切開後，最外層的顏色與內側不一樣，就是所謂的「果凍現象」。通常會因為皂液入膜後的保溫溫度過高，出現從手工皂正中央開始透明化的現象。雖然不影響功效和使用，出現果凍現象的部分反而因富含甘油而更加滋潤，但同時也比較容易軟爛，必須多加留意。

皂粉

指的是保溫結束後，手工皂表層出現的白色粉末。這是因溫差，或是手工皂與空氣中的二氧化碳反應所產生的碳酸鈉粉狀物。在保溫時，蓋上模具蓋就能避免此情形。產生皂粉的手工皂可以用蒸氣稍微蒸一下，或是用沾濕的紗布擦拭乾淨後即可使用。

熟成

結束保溫後，將整條手工皂切塊並晾乾的步驟。當手工皂殘留的水分越少，就越不容易變軟爛，也更能產生豐盈的泡泡。一般熟成時間為 4 ～ 6 個禮拜，不過還是要隨著不同的季節與環境調整。另外，如果手工皂比較厚，或是想要加強保濕效果，熟成的時間可以多延長 1 ～ 2 個禮拜。

決定手工皂質感的基礎油

只要先搞懂基礎油的特性，就能調配出最適合自己肌膚的手工皂。不一樣的基礎油種類與使用量，也會讓手工皂的質地產生變化。例如想要提高保濕度，就使用橄欖油來製作超滋潤的卡斯提爾手工皂；而希望鎮定臉上紅腫的肌膚時，就選擇具有強力鎮定效果的杏桃仁油來製作！

基礎油的種類與特性

・椰子油（皂化價：0.190）

椰子油的洗淨力佳且質地硬，能幫助皂化穩定進行，製作出紮實耐用的手工皂。另外也具有高效的控油力和保濕效果，對肌膚溫和不刺激，從小孩到大人，各種肌膚類型都適用。

・棕櫚油（皂化價：0.141）

從油棕上萃取出的天然硬性油脂，能做出硬實且溫和的手工皂，起泡度佳，可以搓出綿密細緻的泡沫。皂化反應所產生的甘油量較少，因此適合與保濕效果較佳的油脂混合使用。

・芥花油（皂化價：0.124）

芥花油取自於油菜種子，由於不飽和脂肪酸的含量較高，保濕效果強且清爽不黏膩。使用芥花油的手工皂其皂化速度比較慢，因此適合大量製作時使用，製作出的手工皂酸敗機率也較低。但因芥花油屬於軟性油脂，手工皂質地較容易軟爛，因此含量建議控制在 20％以內。

・橄欖油（皂化價：0.134）

橄欖油適用於所有的肌膚，帶有豐富的油酸，不但能讓肌膚變得滋潤，也能抑制細菌與病毒。頂級初榨（Extra Virgin）橄欖油本身帶有綠色，因此想要在手工皂上做色彩設計時，為了避免影響調色，使用「Pure」等級的純橄欖油就可以了。

・大豆油（豆油）（皂化價：0.135）

大豆油能為手工皂帶來豐盈的泡沫，溫和的質地具有改善肌膚老化的效果，而且價格平易近人，因此被廣泛使用。但要留意的是，大豆油屬於軟性的油脂，如果添加的比例過量，就做不出紮實耐用的質地，需要酌量使用。

・荷荷巴油（皂化價：0.135）

荷荷巴油與人體肌膚的油脂結構相當接近，所以很容易被肌膚吸收，同時荷荷芭油還具有殺菌抗炎、保濕鎖水的作用，不論是痘痘肌或油性肌都很適合。另外，跟其他油脂相比也較不易氧化，因此保存相當方便。

・酪梨油（皂化價：0.133）

酪梨油 80％以上由 omega-3 與 omega-6 等不飽和脂肪酸組成，擁有絕佳的保濕滋潤度，且具有

撫平細紋、改善老化肌膚的功效。另外，針對如濕疹的皮膚炎狀況也有幫助，因此酪梨油製成的手工皂，就算是嬰幼兒也能使用。

・葡萄籽油（皂化價：0.126）

葡萄籽油中富含維生素，包含能抗氧化的生育酚及必需脂肪酸亞麻酸等，可以為乾燥或老化的肌膚注入養分，呈現光澤滑順的好膚質。不過要注意的是，若添加過量的葡萄籽油，手工皂容易軟化變質，因此葡萄籽油使用量盡量控制在總油量的 10％以內為佳。

・葵花籽油（皂化價：0.134）

葵花籽油用起來十分清爽，保濕效果絕佳，適合當作油脂分泌旺盛的痘痘肌或油性肌專用的手工皂基本油。葵花籽油的使用量越高，其皂化進行得越慢，做好的手工皂也容易軟化變質，因此葵花籽油的使用量建議控制在總油量的 20％以內為佳。

・綠茶籽油（皂化價：0.137）

綠茶籽油含有豐富的胡蘿蔔素與維生素 C，能抑制色素沉澱，使肌膚保持光澤透亮感，另外，兒茶素具有調節油脂並鎮定痘痘發炎的效果。想要做出抑制分泌旺盛的油脂，改善痘痘肌或油性肌專用的手工皂時，綠茶籽油會是很棒的選擇。

・杏桃仁油（皂化價：0.135）

杏桃仁油飽含多種維生素，如油酸、亞麻酸與維他命 E 等，能使肌膚變得滋潤又柔嫩，也能改善陳年角質、油脂與黑頭粉刺。不過要注意的是杏桃仁油的使用量，需要控制在整體油量的 15％以內，否則手工皂容易軟化變質。

・紅花籽油（皂化價：0.136）

紅花籽油具有強健髮絲跟預防掉髮的功效，常常用在髮類產品上。不過建議與其他種油混合使用，若單獨使用紅花籽油會讓皂化速度變慢，也容易造成肌膚乾燥。

・山茶花油（皂化價：0.136）

山茶花油是一款萃取山茶花籽製成的油脂，含有豐富的油酸，能有效鎖水並為肌膚和毛髮注入滋潤光澤。山茶花油常用於洗髮皂，可以改善異位性皮膚炎等肌膚的過敏狀況。

・玫瑰果油（皂化價：0.137）

玫瑰果油含有大量必需脂肪酸的亞麻酸，能幫助肌膚再生、讓氣色更透亮，其改善皺紋等肌膚老化的效果相當卓越。不過一樣要注意使用量，避免添加過量的玫瑰果油導致快速變質。

・月見草油（皂化價：0.136）

月見草油是一款富含油酸、亞麻酸與維他命 E 的植物油，能使肌膚水潤柔嫩，改善頑固角質、油脂與黑頭粉刺。不過同樣要注意月見草油使用量，請勿高於整體油量的 15％，否則手工皂容易軟化變質。

・榛果油（皂化價：0.135）

榛果油清爽不黏膩，具有緊縮毛孔、細緻肌膚的功效，製作痘痘肌專用的手工皂時很常使用。另外，榛果油常與酪梨油等一起使用。若對堅果過敏的人，請避免使用榛果油。

・澳洲胡桃油（皂化價：0.139）

澳洲胡桃油與人體肌膚油脂構造接近，容易吸收且保濕效果佳，很適合和荷荷芭油交替使用。以此製成的手工皂不易氧化或軟化，是一款變質率低的基礎油，因此成為天然手工皂的熱門基礎油。不過，敏感肌或是堅果過敏者，必須避免使用澳洲胡桃油。

・甜杏仁油（皂化價：0.136）

甜杏仁油富含維生素 D、維生素 E，親膚性佳，能滋潤肌膚、鎖水保濕，因此被廣泛使用於手工皂及保養品的製作。基本上所有肌膚皆適用，但若對堅果過敏者，應避免使用甜杏仁油。

・米糠油（皂化價：0.128）

米糠油是一種從米糠萃取出來的油脂，富含維生素 E 及礦物質，有益於肌膚抗老與保濕潤澤。米糠油的使用量越多，其皂化速度越快，因此在製作外觀需塑形的手工皂時，建議米糠油用量為總油量的 5 ～ 10% 左右。

・蓖麻油（皂化價：0.128）

蓖麻油萃取自蓖麻的種子，具有獨特的香味與黏性，可以製作出泡沫豐盈的手工皂。蓖麻油含有大量的不飽和脂肪酸，滋潤度極高，但若使用過多蓖麻油，手工皂會過於黏膩，建議使用量不要超過整體油量的 5%。

・小麥胚芽油（皂化價：0.131）

小麥胚芽油萃取自小麥胚芽的油脂，富含不飽和脂肪酸與維生素 E，在抗氧化與修復肌膚彈性上皆有很好的效果。建議可以在其他基礎油中加入 5% 左右的小麥胚芽油，能提高預防肌膚氧化的功效。

・琉璃苣籽油（皂化價：0.136）

琉璃苣是一種藥草，從其種籽中萃取出的油脂則為琉璃苣籽油，富含多元不飽和脂肪酸（γ- 亞麻油酸），對於肌膚再生與保濕滋潤效果極佳。不過琉璃苣籽油容易氧化，酌量少許添加即可。

・月桂葉油（皂化價：0.155）

月桂葉油能有效管理毛髮或頭皮，常被用在髮類產品上，此外，也適合油性肌，若與橄欖油一起使用則能製作出泡沫更豐盈的手工皂。使用月桂葉油的手工皂，其皂化速度較快，因此用量建議不超過總油量的 10%。

・**乳油木果油**（皂化價：0.128）

乳油木果油是萃取自乳油木種子的奶霜狀物質，可以加強保濕度與硬度。乳油木果油能為乾燥肌、老化肌注入充足的水分，帶來水潤又有彈性的肌膚。不過，若添加過量的乳油木果油，手工皂質地會過硬，導致切皂時容易裂開，因此建議使用量不要超過總體油量 10％。

・**可可油**（皂化價：**0.137**）

可可油是萃取自可可豆的奶霜狀物質，富含棕櫚酸、硬脂酸跟油酸等。如果想製作出具有甜甜香氣的手工皂，或想增加手工皂的硬度時，可可油會是不錯的選擇。但要注意添加量控制在整體油量的 10％ 以內，避免手工皂變得過硬。

淺談油脂中的脂肪酸

脂肪酸是組成油的成分，以化學分子碳與氫結合而成，分為飽和脂肪酸與不飽和脂肪酸。每一種油脂中的脂肪酸種類與比例都不一樣，而這些差異則會影響皂化完成後呈現的清潔力、硬度、泡沫型態等。

基礎油的種類與特性

・飽和脂肪酸

飽和脂肪酸在常溫下為固體型態，大多動物性油脂皆含有飽和脂肪酸。在植物油中，椰子油跟棕櫚油含有大量的飽和脂肪酸，因此常被當成基礎油使用。飽和脂肪酸能使手工皂硬實，帶來豐盈的泡沫量跟提升清潔力等，同時也能延緩手工皂酸敗變質的速度。

> 月桂酸：使手工皂質地硬實、增加起泡量，同時也能提升清潔力。
> 肉豆蔻酸：使手工皂質地硬實、提升清潔效果，並能帶來綿密的泡泡。
> 棕櫚酸：使手工皂質地硬實，且提高泡沫的持久力。
> 硬脂酸：使手工皂硬實又堅固。

・不飽和脂肪酸

不飽和脂肪酸在常溫下為液體型態，由油酸、蓖麻酸與亞油酸等成分所組成。含有大量不飽和脂肪酸的油脂能滋養肌膚，帶來保濕潤澤的效果。不過製作成手工皂時，其酸敗及軟化的變質速度較快，因此在構思手工皂的配方時，建議配合帶有飽和脂肪酸的油脂一起使用。

> 油酸：為乾燥肌膚帶來滋潤細緻的效果。
> 亞油酸：有效改善乾燥粗糙的肌膚狀態。
> 蓖麻酸：能使泡沫更持久，也讓肌膚更加光澤滑順。
> 亞麻酸：有效改善乾燥粗糙的肌膚狀態。

不同用途的脂肪酸比例建議

	飽和脂肪酸	不飽和脂肪酸
臉部使用	20 ～ 45%	55% ～ 80%
嬰幼兒／敏感肌使用	0 ～ 30%	70% ～ 100%
生活家事使用	50%	50%

不同油脂的脂肪酸成分比例表

名稱	飽和脂肪酸（％）				不飽和脂肪酸（％）			
	月桂酸	肉豆蔻酸	棕櫚酸	硬脂酸	蓖麻酸	油酸	亞油酸	亞麻酸
椰子油	39～54	15～23	6～11	1～4	1	4～11	1～2	
棕櫚油			43～45	43～45		35～40	9～11	
橄欖油			7～11	2～3		70～80	10	2～5
綠茶籽油						57～62	21～25	1～3
印度苦楝油		2～3	14	17		55	10	
月見草油			7	2～3		9	73	9
山茶花油			9	1～2		77	8	
豬油		1	28	13		46	10	
玫瑰果油			3～4	2		12～13	35～40	
澳洲胡桃油			8～9	4		55～60		2
米糠油			15～20	2～3		40～42	33～40	
琉璃苣籽油			9～10	3～4		20	40～43	5
杏桃仁油			4～7			60～75	25～30	
甜杏仁油			4～6			70～80	10～18	
乳油木果油			5～7	35～45		45～55	5	5
摩洛哥堅果油		1	14			46	34	1
酪梨油		15	15～30	1		50～70	16～18	
牛油	1	3～5	28	20～22		36～42	3	1
月桂葉油	25	1	15	1		31	26	1
小麥胚芽油			12～13			30～35	56	1
芥花油			1			50～60	20	8～10
可可油			25～30	30～35		35～36		3
大豆油			10	4～6		22	50	8～10
瓊崖海棠油			12	13		34	38	1
葡萄籽油			8～10	4～5		15～20	70～78	
蓖麻油					85～95	3～4	3～5	3～5
葵花籽油			7	4		16	70	1～3
大麻籽油			6	2		12	57	21
榛果油			5	3		75	10	
荷荷巴油						10～13		
紅花籽油			6～7			15	73～75	

增添香味與色澤的添加物

想要為自己打造出獨一無二的手工皂，同時也要達到友善環境、滋養肌膚的效果，這時就需要妥善運用取於大自然的香氛精油及天然粉末！若能細心巧妙地調配天然精油，還能帶來改善失眠、情緒低落的芳療功效。

增添療癒香氛的添加物

・精油（Essential Oil）的基礎知識

精油是萃取自植物種子、根莖或花果的天然香味材料，具有特殊的香氣與療效，常被用在手工皂等沐浴產品中。因為精油容易揮發，如果配方中僅選用一種精油，手工皂持香力會稍嫌不足，建議可以混合兩到三種精油的製作，延長手工皂的療癒氣息。不過也由於精油功效對人體具有一定的影響，若要製作孕婦或嬰幼兒使用的手工皂時，需要特別留意精油的種類與用量，建議減少或避免使用。

精油配方的使用須知

・不建議孕婦或未滿三個月的嬰幼兒使用添加精油的手工皂。

・冷製皂的香味揮發速度較快，精油最多可以使用 2～3％左右。
　→敏感肌專用的手工皂精油僅能使用 0.5～1％，且應避免使用黑胡椒、小荳蔻與生薑等刺激性較強的精油。
　→給孩子用的手工皂中，精油只要添加建議量的一半即可。

・泡澡錠的精油用量，只需約總量的 1％。

・請儘量使用零雜質、純度 100％的精油。

・精油不耐光線照射，請務必存放於深咖啡色的遮光瓶中。

・精油的療癒效果

緩解失眠症狀
橙花、薰衣草、天竺葵、檀香木、羅馬洋甘菊

改善低落情緒
檸檬、玫瑰、依蘭、甜橙、葡萄柚

舒緩緊張不安
天竺葵、橙花、薰衣草、甜香木、花梨木、甜橙

消除浮腫水腫
天竺葵、迷迭香、絲柏、尤加利、葡萄柚、杜松漿果

緩和頭痛不適
檸檬、羅勒、薄荷、羅馬洋甘菊、尤加利

・精油的複方原則

單用一支精油入皂，比較難以製作出具療癒香氛效果的手工皂，且香度持續性也偏低。建議如同帶有前調、中調與後調的香水一樣來調配精油再入皂，能為手工皂帶來豐富的香氣。

香味	特徵	種類	混合比例
前調 （Top note）	由於揮發性較強，因此會最先聞到前調的香味，主要為柑橘調的精油。	葡萄柚、橙花、萊姆、檸檬、香茅、柑橘、山雞椒、佛手柑、甜橙、茶樹、胡椒薄荷、肉桂、綠薄荷、尤加利、羅勒、甜橘、苦橙葉等	25～30%
中調 （Middle note）	中調會使用能完美調和前調與後調的香味，普遍為花香調的精油。	薰衣草、玫瑰、迷迭香、鼠尾草、天竺葵、洋甘菊、杜松子、松樹、玫瑰草等	60%
後調 （Base note）	後調的持香力佳，能讓餘香維持許久。通常會使用味道較濃厚的精油。	花梨木、沒藥、岩蘭草、檀香木、雪松、依蘭、廣藿香、乳香等	10～15%

・基礎複方精油的比例

草本調	柑橘調	花香調	東方調
迷迭香、胡椒薄荷、羅勒、鼠尾草、綠薄荷等	香茅、山雞椒、萊姆、檸檬、柑橘、佛手柑、葡萄柚、甜橙等	玫瑰天竺葵、花梨木、薰衣草、橙花、洋甘菊等	岩蘭草、依蘭、廣藿香、檀香木、玫瑰草等

樹脂調	辛香調	木質調
乳香、沒藥等	肉桂、生薑、黑胡椒、扁柏等	雪松、杜松子、尤加利、松樹、苦橙葉、茶樹、絲柏等

1 草本調 6mL ＋柑橘調 4mL
2 柑橘調 3mL ＋花香調 7mL
3 花香調 7mL ＋東方調 3mL
4 東方調 5mL ＋樹脂調 5mL
5 樹脂調 4mL ＋辛香調 6mL
6 辛香調 4mL ＋木質調 6mL

・香精（fragrances oil）的基礎知識

為人工合成的香料，即便單獨使用，香味也十分強烈且能長久持香。香精的種類豐富，而且有許多天然精油缺少的氣味。雖然香精的香氣濃郁且價格比較便宜，但如果使用過量，可能會對肌膚造成刺激。另外，在冷製皂中添加香精時，有可能發生與皂液性質相衝的狀況，因此建議可先取少量皂液做測試再使用。

香精配方的使用須知

・手工皂跟泡澡錠，最多都只能加入 1% 的人工香精。
・香精與皂液性質相衝時，有可能會加快皂化的速度，因此在添加之前，先取少量皂液確認是否相融後再使用。

增添美麗色澤的添加物

·天然色粉

天然色粉是將水果、藥草或中藥材曬乾後，研磨出的細細粉末。雖然比起人工色素，天然色粉的彩度比較低，不過相對而言，對肌膚也更溫和不刺激，而且能提供天然草本的療效。要注意的是，並非添加越多天然色粉，色澤就會越鮮明，添加量請不要超過建議量的 2%。

天然色粉的使用須知

·天然色粉不溶於皂液，因此請按以下調和比例，和葡萄籽油、小麥胚芽油或蓖麻油等基礎油拌勻後再使用。

> 基礎油：天然色粉＝ 1.5 ～ 2：1

·添加過量的天然色粉，會使手工皂表層凹凸不平，也可能會降低手工皂使用時的起泡效果，請適量使用即可。
·容易變色的粉末，可以與色彩相近的氧化物一起使用，有助於減少變色情形。
·使用顏色相近的氧化物（礦物色粉）時，天然色粉的添加量請減少到 1%。

不同膚質的天然色粉建議

膚質及功效	推薦的天然色粉
乾性肌／老化肌	綠茶、南瓜、可可豆、燕麥、綠藻、金盞花、梨果仙人掌、辣木、諾麗果、菠菜
異位性皮膚炎	燕麥、魚腥草、馬齒莧、陳皮、紅甜椒（Paprika）、小麥草、扁柏、積雪草、洋甘菊
敏感性	蒲公英、金盞花、粉紅泥、白泥
油性肌／去角質	木炭、栗樹皮、青黛、綠茶、黃土、摩洛哥火岩泥（Ghassoul）、穀物類、核桃殼、海藻、綠泥、高嶺土
痘痘肌	木炭、魚腥草、綠豆、爐甘石
美白	白殭蠶、甘草、花椰菜、菠菜、杏桃仁、珍珠、米糠

＊泥類的色粉皂化速度較快，建議使用量為 1%以內。

・氧化物色素（oxide）

氧化物色素是去除礦物中的雜質後所製成，相當顯色，若想為手工皂帶來天然粉末無法呈現的顏色時，就可以使用它。氧化物色素有液態跟粉末兩種，然而粉末無法與皂液混合，必須事先在油分中拌勻使用。粉末氧化物色素需要搗碎、輾壓後跟油分相拌，才能避免結塊。

・雲母粉（MICA）

雲母粉的粉末是所有粉狀色素中最細緻的，不僅色彩明亮、還帶有些許珠光感，能帶來低調奢華的效果。跟天然粉末或氧化物色素相比，雲母粉的色彩鮮豔，也能充分溶於皂液中，使用起來相當方便。加入雲母粉時，建議少量多次加到皂液中來調整顏色的濃度。

・食用色素

食用色素是用來增添食物色澤而製成的色素，成份溫和無毒如果希望手工皂帶有天然色粉缺少的顏色，或是想要濃度更深的顏色時，也可以選擇食用色素。食用色素的色彩鮮明、分子細緻，在使用透明皂基製作手工皂時，也很適合用來呈現出清澈感。但因為容易變色所以不建議用於冷製皂的配方中。

常見的調色材料

○ 白色
　⋯▶ 二氧化鈦（Titanium dioxide）

● 米色、棕色
　⋯▶ 米糠、可可豆、魚腥草、綠茶、扁柏、三白草、黃土、棕色雲母粉、棕色氧化物

● 黃色
　⋯▶ 湯之花粉、梔子花粉、南瓜、黃泥、黃色雲母粉、黃色氧化物

● 橘色
　⋯▶ 紅甜椒、紅泥、橘色氧化物、橘色雲母粉

● 粉紅色
　⋯▶ 草莓、梨果仙人掌、胭脂蟲、爐甘石、蘇木、粉紅泥、粉紅雲母粉、粉紅氧化物

● 綠色
　⋯▶ 螺旋藻、綠球藻、小麥草、艾草、辣木、菠菜、綠泥、綠色氧化物、綠色雲母粉

● 薄荷色
　⋯▶ 青黛＋綠球藻＋二氧化鈦、薄荷色氧化物

● 藍色
　⋯▶ 青黛、青黛＋二氧化鈦、藍色雲母粉、藍色氧化物

● 紫色
　⋯▶ 青黛＋胭脂蟲、紫羅蘭色氧化物、紫羅蘭色雲母粉

● 黑色
　⋯▶ 木炭、黑色氧化物

手工皂的其他添加物

‧乾燥花草

乾燥藥草或乾燥花能為手工皂帶來更獨特吸睛的外觀，也能提升更豐富的功效。

使用時會將這些材料浸泡到水或油中，當成分與味道散發出來後混合到皂液中，便可發揮其療癒功用；作為裝飾用時，就不需要上述的加工，直接將材料放到皂液中即可。不過，可能會因為與熱反應而出現變色的情形，建議可以事先測試後再使用。

熱水浸泡法

利用熱水浸泡乾燥藥材或花草，以萃取養分。

＊萃取液沒用完可以冷藏保存，並建議於一週內使用完畢。

1 準備一個濾茶球，放入乾燥花草。　　**2** 取一燒杯，放入濾茶球後倒入熱水，靜置萃取。

油類浸泡法

透過將乾燥藥材浸泡在基礎油中，以萃取養分的方法。

1 備一個玻璃空罐，並以酒精消毒容器。　　**2** 量好基礎油用量後倒入容器內。

＊為避免油脂腐壞變質，請確實消毒，並將罐子存放在陰涼處。

3 將準備好的乾燥花草放入容器中。　　**4** 密封後，在罐子上記錄製作日期，大概一個月過後可開封使用。

製作手工皂必備的工具

先充分了解各種製作手工皂的工具，並事先準備好吧！如此一來，便可以隨時展開自己的手作皂時光，並將每樣工具運用得怡然自得，順暢地完成每個步驟。

・電子秤

用來秤量材料的份量。製作手工皂時，經常需要秤量基礎油、天然色粉等材料，建議使用最小測量單位 0.01g，或至少 0.1g 的電子秤。

・電磁爐

用於將基礎油隔水加熱，或是融化固態油脂等材料時使用。不建議使用瓦斯爐，因為直火加熱的工具容易使底部燒焦，或是溢出皂液。

・溫度計

分別有玻璃溫度計及電子溫度計兩種。測量溫度前需要將液體充分攪拌，並反覆測量一到三次，才能得到精準的溫度。另外，在高溫下使用玻璃溫度計要特別小心。

・不鏽鋼燒杯

用於製備鹼液或分裝皂液。因為皂液的溫度偏高，建議挑選耐熱的不鏽鋼材質。製作設計感手工皂時，使用長型尖嘴的燒杯會更方便，建議可以準備兩個不同槽口長度的燒杯。

・量匙、挖勺

用在測量粉類材料或混合。塑形時，也可以利用量匙的背面按壓。在量固體狀的油脂材料時，使用冰淇淋挖勺會比較方便。

・模具

用來盛裝皂液使之定型凝固。最常見的是矽膠材質的四角型模具。在保溫的過程，若沒有蓋蓋子可能會產生皂粉，因此建議挑選有蓋子的模具為佳。

・電動調理棒

在混合基礎油跟鹼液後 trace 的過程，會用到電動調理棒。因為會與強鹼接觸，建議挑選不鏽鋼材質的刀頭，並且能調整轉速的調理棒。

・矽膠刮刀

將皂液倒入模具時，矽膠刮刀能輕鬆刮除殘留的皂液，在 trace 的過程和電動調理棒搭配使用。建議選用軟硬彈性適中，並且耐熱的矽膠刮刀。

・切皂器、切皂刀

用於將手工皂成品切塊。琴弦的切皂刀可以輕鬆切出工整平滑的切面，但若手工皂質地偏硬，琴弦很有可能斷裂，因此比較適合用於冷製皂，而再製皂則建議使用一般的切皂刀切割。另外，切皂刀最好避免和廚具混用。

・pH 酸鹼試紙（石蕊試紙）

在開始使用手工皂前，用來檢測手工皂的酸鹼值。將手工皂沾溼、稍微搓出泡泡，再用試紙沾取泡沫後，就可以透過試紙的顏色得知酸鹼值。當酸鹼值在 7 到 9 之間，代表手工皂已經可以使用了。

・圍裙、袖套、乳膠手套

用來避免強鹼鹼液或高溫皂液直接碰觸到皮膚或沾到衣服。由於氫氧化鈉製成的鹼液屬於強鹼物質，皮膚直接碰到的話有可能會造成灼燒，所以請務必穿上防護裝備。

設計專屬自己的手工皂配方

只要了解設計配方的技巧，就可以開始製作自己獨一無二的手工皂了！對於剛入門的人來說，可能會覺得挑選基礎油、調配混合油，還有計算氫氧化鈉的用量很複雜，不過一步一步跟著做，就會發現其實比想像中簡單，不管是誰都一定能學會製作出溫和純淨的天然手工皂。

1. 決定手工皂的用途

依據用途不同，會影響手工皂使用的基礎油與調配的比例，所以在開始製作前，最重要的就是決定使用目的。例如清潔肌膚的手工皂，可以先確認是用於臉部還是身體，以及使用的人是否有過敏、需要的特殊香氛功效等等；若是要用在日常生活的家事皂，則可以在決定配方時，選用能提升清潔力的成分。

適用範圍	種類	特點	內容
肌膚清潔	卡斯提爾皂	僅用一種基礎油	來自西班牙卡斯提爾一帶的製作方法，成分單純，因此適合敏感肌或嬰幼兒專用。 不過，這款手工皂的質地容易軟化，建議選用不容易酸敗，且硬度較高的基礎油。 ＊推薦的基礎油：山茶花油、酪梨油、澳洲胡桃油、橄欖油等
	馬賽皂	主要基礎油佔70％以上，再加入椰子油、棕櫚油混合使用	馬賽皂來自法國馬賽一帶，其含有高達72％的橄欖油成分，對肌膚相當溫和也十分滋潤。與卡斯提爾手工皂相比更加硬實，保存方便。近幾年也會使用酪梨油或山茶花油當作馬賽皂的基礎油。
	一般手工皂	含椰子油、棕櫚油等，混合三到五種基礎油製作	是最常見的手工皂類型。可以針對用途和膚質，選用不同的基礎油和添加物，不論是香味、色澤、清潔力與功效等都能自由調配，同時也能透過配方改變成品硬度或酸敗速度。
家事清潔	洗衣皂、洗碗皂	含50％以上的椰子油與棕櫚油	通常家事皂的椰子油跟棕櫚油比例，會超過整體分量的一半，是清潔力極高的多用途手工皂。 不論是油垢、水垢，各種髒污都能輕鬆去除，且家事皂遇水後會被微生物分解，因此也具有友善環境的優點。可以在配方中加入桂皮粉、小蘇打粉或澱粉等，增強殺菌效果。

2. 構思製作配方

如果已經確認使用目的了，接下來就可以選擇製作手工皂的基礎油，在這個步驟中，最重要的一點就是找到適合自己膚質的基礎油。剛入門的初學者也不必擔心，下一頁的圖表，是我們按照肌膚類型列出的基本製作配方。最一開始，建議先依照基本配方嘗試看看，再來慢慢摸索出更貼近自己的基礎油和配方吧。

手工皂配方的比例原則（以 750g 基礎油為標準）

肌膚類型	椰子油、棕櫚油用量	其他基礎油用量	適合的其他油類	純水的水量（％：占總油量750g 的比例）
乾性／老化	各100～150g ＋50g乳油木果油（可省略）	400～500g	橄欖油、甜杏仁油、芥花油、酪梨油、山茶花油、澳洲胡桃油、玫瑰果油	210g（28％）
敏感性			橄欖油、月見草油、米糠油、大麻籽油、山茶花油、酪梨油、琉璃苣籽油	
中性／全膚質	各150～180g	390～450g	橄欖油或其他油類	225g（30％）
油性／痘痘	各180～200g	350～390g	橄欖油、葡萄籽油、綠茶籽油、合桃仁油、榛果油、葵花籽油	夏季 225g（30％）冬季 240g（32％）
頭皮	各200～220g	310～350g	綠茶籽油、山茶花油、酪梨油、月桂葉油	247g（33％）

＊如果椰子油或棕櫚油的用量不足，容易做出質地軟爛的手工皂。若發生這種狀況，建議可加入 10％以內的奶霜類油脂來補強手工皂的硬度。

＊純水的水量＝總油量 750g×28 ～ 33％
　純水水量可按照季節或用途，調整 1～2％的使用量。

各種肌膚類型的基礎製作配方參考

乾性肌／老化	敏感肌	中性肌	油性／痘痘肌	頭皮
椰子油 100g	椰子油 150g	椰子油 170g	椰子油 170g	椰子油 200g
棕櫚油 100g	棕櫚油 150g	棕櫚油 180g	棕櫚油 180g	棕櫚油 150g
橄欖油 400g	橄欖油 300g	橄欖油 250g	橄欖油 200g	橄欖油 100g
澳洲胡桃油 100g	山茶花油 100g	甜杏仁油 80g	綠茶籽油 100g	山茶花油 100g
乳油木果油 50g	月見草種子油 50g	杏桃仁油 70g	葡萄籽油 100g	酪梨油 100g
氫氧化鈉 107g	氫氧化鈉 110g	氫氧化鈉 111g	氫氧化鈉 110g	蓖麻油 50g
純水（28％）	純水（30％）	純水（32％）	純水（32％）	月桂葉油 50g
210mL	225mL	240mL	240mL	氫氧化鈉 113g
				純水（32％）
				240mL

3. 計算氫氧化鈉用量

基礎油加入氫氧化鈉所產生的「皂化反應」，是手工皂的必經過程。而氫氧化鈉的所需用量，需要透過每種基礎油的「皂化價」（p.18～p.21）來計算。不同的油脂其皂化價各異，且基礎油用量也會影響手工皂的特性，改變氫氧化鈉的需求量。以下，我們就來看看如何計算氫氧化鈉的使用量吧。

$$油量（mL）\times 皂化價＝氫氧化鈉量（g）$$

1000g 的爐甘石舒緩皂（p.49）**所需的氫氧化鈉量**
椰子油 120g× 椰子油皂化價 0.190 ＝ 22.8g
棕櫚油 130g× 棕櫚油皂化價 0.141 ＝ 18.33g
橄欖油 300g× 橄欖油皂化價 0.134 ＝ 40.2g
甜杏仁油 100g× 甜杏仁油皂化價 0.136 ＝ 13.6g
杏桃仁油 100g× 杏桃仁油皂化價 0.135 ＝ 13.5g

氫氧化鈉量需求共為 108g

4. 造型設計

了解基本工具和材料之後，就可以來想想手工皂要呈現的外觀。從「用乾燥藥草裝飾」的入門簡約款，到「按圖片擬真」的精緻設計款，逐步練習並設計出自己專屬的手工皂模樣，也別忘了為獨一無二的手工皂命名！

設計自己的手工皂造型

a）決定外觀後畫出設計草圖

設計外觀的第一個步驟就是決定手工皂主要的三種顏色。
想要提高成品的成功率，建議先找一張自己喜歡的圖片或
照片，並從中挑出最常用到的三個主色。

選定好顏色後，可以從比較簡單的外觀設計開始練習，例
如木炭控油皂（p.82）的作法，從各區塊安排倒入不同顏色
的皂液，這個方式運用自如後，就可以再進階抓出圖片中
的重點畫成草圖。另外，也可以加入皂章、乾燥花、乾燥
藥草等添加物增加造型的豐富度。

b）選擇適合的色澤添加物

依據選擇好的造型設計，來挑選適合的調色添加物。希望
顏色自然一點，就使用天然粉末；想要呈現鮮明的色彩，
可以使用雲母粉或食用色素。詳細的色素添加物可參考「增
添美麗色澤的添加物（p.27）」。

另外，在準備好裝皂液的量杯後，可以在上面標註要調色
的顏色和添加物，製作過程中也能一目瞭然。

c）選擇適合的香味添加物

挑選符合造型設計的香氛精油，可以提升整體的美感和療
癒氛圍。（增添療癒香氛的添加物，p.24）

	徜徉大海薄荷皂	設計草圖
適用膚質	全膚質	
材料	椰子油 170g 棕櫚油 180g 橄欖油 200g 酪梨油 80g 山茶花油 70g 氫氧化鈉 112g 純水（32％） 240mL	
色澤添加物	木炭粉 1g、青黛粉 5g、 二氧化鈦（液態） 適量	藍色皂液 650mL ⋯ 皂液 650mL、木炭粉 1g、青黛粉 5g 白色皂液 350mL ⋯ 皂液 350mL、二氧化鈦（液態）適量
香味添加物	涼感混合配方 綠薄荷精油 10mL 甜橙精油 6mL 雪松精油 4mL	

PART 2
基本款冷製皂

冷製皂是最具代表性的天然手工皂，從基礎油到香味色澤添加物，都能親自挑選喜愛的配方。以低溫製造的冷製皂，不僅保有基礎油的養分，在經過至少四週的熟成時間後，會變得更加溫和滋潤。

冷製皂的基礎製作流程

1

準備基礎油

將量杯至於電子秤上，倒入需要的基礎油用量後，隔水加熱使其融化。

2

製作鹼液

將氫氧化鈉倒入純水中，製作出鹼液。因為兩者相遇後會散發熱氣並升溫，可以將一半的純水先冰凍再使用，避免溫度過高的情形。另外，也可以使用泡製乾燥藥草的蒸餾水代替純水，增加手工皂的滋養功效。（熱水浸泡法，p.29）

7

晾皂熟成至少四週

保溫結束後，可以使用切皂器、切皂刀切割，再用削皮器或肥皂刨絲器來修整邊緣，讓手工皂更好拿握。將切好的手工皂放置在通風良好的地方晾乾，偶爾翻面，熟成至少四個禮拜。

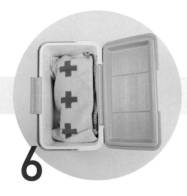

6

保溫

天氣比較冷的時候，可以存放在保麗龍箱或保溫箱；夏天則可用毛毯裹覆或置於常溫保溫。一般平均的保溫時間為 24 ～ 36 小時，不過也會隨著製作配方不同而改變。靜置到模具摸起來已經徹底冷卻時就可以了。

3

混合基礎油與鹼液，製作皂液

基礎油跟鹼液混合時的溫度必須在 40 ~ 45℃之間，才能穩定皂化。製作鹼液的氫氧化鈉加入水中後會快速升溫，必須先降溫再使用。基礎油則要在隔水加熱到融化後視情況加溫或降溫。製作過程中必須留意讓皂液維持在 30 度以上。

5

加入添加物、入模

添加物的順序為「香味→色澤→乾燥藥草（p.24 ~ p.29）」。皂液完成後就可以倒入模具。

4

Trace

1. 混合基礎油跟鹼液後，用矽膠刮刀充分攪拌。
2. 傾斜量杯並放入調理棒，避免讓空氣進入皂液中。
3. 用調理棒 Z 字型攪拌皂液，反覆 5～10 次皂液開始出現硬度。
4. 調理棒繼續放在量杯中，同時用矽膠刮刀畫 8 字攪拌皂液 30 秒以上，充分拌開原本變硬的皂液。
5. 重複 3、4 的步驟，直到皂液變成濃湯般的稠度，且用刮刀在表面劃星號時，會留下明顯的痕跡，不會立即消失。

＊製作設計款手工皂時，需要熟悉 Trace 的階段，並能調整出軟硬度不一的皂液。（為了不同彩繪設計調整 trace，p.109）

山茶花卡斯提爾皂

僅使用單一基礎油製成的卡斯提爾手工皂，可以讓肌膚充分感受到最單純的滋養功效。選擇能高度鎖水的山茶花油，製作出滋潤度極佳的手工皂，達到延緩肌膚老化，使肌膚維持健康水潤狀態的效果。推薦給肌膚脆弱的嬰幼兒，以及乾性肌膚的人使用。

Skin type

乾性肌 .... ☑
油性肌 .... ☐
混合肌 .... ☐
敏感肌 .... ☐
痘痘肌 .... ☐
抗老化 .... ☑
舒緩異位性皮膚炎
 .... ☑
兒童用 .... ☑

材料

基礎油
山茶花油 750g

鹼液
氫氧化鈉 102g
純水（28％） 210mL

精油
薰衣草精油 10mL
柑橘精油 6mL
花梨木精油 4mL

色澤添加物
粉紅色雲母粉 少許
二氧化鈦（液態） 適量

… 設計草圖

● 淡粉紅色皂液 700mL
 ⋯ 皂液 700mL

● 紅色皂液 300 mL
 ⋯ 皂液 300mL、粉紅色雲母粉 少許

● 粉紅色皂液 100mL
 ⋯ 紅色皂液 100mL、二氧化鈦（液態）適量

製作皂液

1 取燒杯及電子秤，量好基礎油用量後隔水加熱。

2 將氫氧化鈉加入純水中製成鹼液，靜置降溫。

3 確認基礎油及鹼液的溫度皆為 40～45℃ 後，相加混合。

放入添加物、入模

4 輪流用矽膠刮刀跟調理棒攪拌皂液到 trace 狀態。
（Trace，p.39）

5 完成 trace 後，加入精油攪拌。

6 取 300mL 皂液將粉紅色雲母粉稍微用油拌開後加入（p.27），製作成紅色皂液。

7 將剩下 700mL 的淡粉紅色皂液倒在模具中。

tip

含有大量不飽和脂肪酸的山茶花油能提升保溼效果，不過相對地手工皂質地可能容易軟爛。因此建議純水量先用最少的比例（28%），並將材料一同進行 trace。

8　取 200mL 步驟 6 的紅色皂液，
　　慢慢倒在模具的一側。

9　在剩餘的 100mL 紅色皂液中
　　加入二氧化鈦，調出理想的粉
　　紅色皂液。

10　在紅色皂液上方，將步驟 9 的粉紅
　　色皂液倒入模具。

11　取一扁木棒，沿著模具外緣繞一
　　圈，使皂塊四周平順。

保溫

切皂熟成

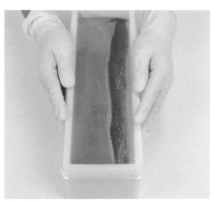

12　蓋上模具的蓋子，保存在約
　　30℃的環境中一天。（保溫，
　　p.38）

13　脫模後按需求大小切割，置
　　於通風良好的地方，待 4～
　　6 週晾乾熟成。

金盞花馬賽皂

金盞花富含類黃酮（Flavonoids），在鎮定肌膚的表現有絕佳效果，相當適合痘痘肌或是容易起疹子的嬰幼兒。十分推薦在家自製一款飽含金盞花與橄欖油的手工皂，不論是小孩或大人，全家都能安心使用！

Skin type

乾性肌	☑
油性肌	☐
混合肌	☐
敏感肌	☑
痘痘肌	☑
抗老化	☐
舒緩異位性皮膚炎	
....	☑
兒童用	☑

材料

基礎油
椰子油 100g
棕櫚油 100g
橄欖油 500g
乳油木果油 50g

鹼液
氫氧化鈉 106g
金盞花蒸餾水
（28%） 201mL
（熱水浸泡法，p.29）

精油
甜橙精油 6mL
薰衣草精油 10mL
雪松精油 4mL

色澤添加物
二氧化鈦（液態） 適量

其他添加物
乾燥金盞花 適量

··· 設計草圖

黃色皂液 1000 mL
··▸ 皂液 1000mL、二氧化鈦（液態）適量

● 乾燥金盞花 適量

製作皂液

1 取燒杯及電子秤，量好各基礎油用量
後隔水加熱至融化。

2 將氫氧化鈉加入金盞花蒸餾水中，攪
拌溶解成鹼液後，靜置降溫。

3 確認基礎油及鹼液的溫度皆為 40 ～
45℃ 後，相加混合。

4 輪流用矽膠刮刀跟調理棒攪拌皂液至
trace 狀態，（Trace，p.39）。

5 完成 trace 後，加入精油攪拌。

tip
可用金盞花浸泡油來代替橄欖
油。（油類浸泡法，p.29）

放入添加物、入模

6 在皂液中酌量加入二氧化鈦（液態），調出想要的黃色。

7 將乾燥金盞花放入皂液後均勻攪拌。

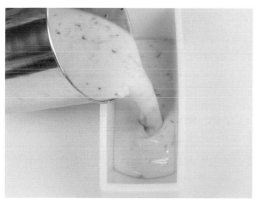

8 把完成的皂液倒入模具中。

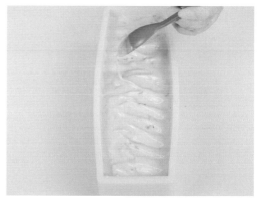

9 利用湯匙背面將皂液往中間推，做出造型。

保溫

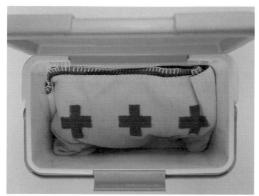

10 蓋上模具的蓋子，保存在約 30℃ 的環境中一天（保溫，p.38）。

切皂熟成

11 脫模後按需求大小切割，置於通風良好的地方，待 4～6 週晾乾熟成後即可使用。

爐甘石舒緩皂

如果身體肌膚有紅腫發炎及痘痘問題,請務必試看看這款添加爐甘石粉的手工皂。爐甘石含有氧化鋅,具備相當優秀的鎮靜功效。將手工皂調製成可愛柔和的粉色系,一邊享受視覺上的療癒效果,一邊緩解肌膚問題吧!

Skin type

乾性肌 .... ☑
油性肌 .... ☐
混合肌 .... ☐
敏感肌 .... ☑
痘痘肌 .... ☑
抗老化 .... ☐
舒緩異位性皮膚炎
.... ☑
兒童用 .... ☑

材料

基礎油
椰子油 120g
棕櫚油 130g
橄欖油 300g
甜杏仁油 100g
杏桃仁油 100g

鹼液
氫氧化鈉 108g
純水(30%) 225mL
大然硫磺粉 8g

精油
薰衣草精油 10mL
佛手柑精油 6mL
玫瑰天竺葵精油 4mL

色澤添加物
爐甘石粉 12g

··· 設計草圖

● 白色皂液 300mL
··➔ 皂液 300mL、二氧化鈦(液態)適量

● 淡粉色皂液 200mL
··➔ 皂液 200mL、爐甘石粉 2g、二氧化鈦(液態)適量

● 粉紅色皂液 500mL
··➔ 皂液 500mL、爐甘石粉 10g

製作皂液

1 取燒杯及電子秤,量好基礎油用量後隔水加熱至融化。

2 將氫氧化鈉倒入純水中製成鹼液後,靜置降溫。

3 在鹼液中加入天然硫磺粉後,充分攪拌至溶化。

tip

硫磺粉能軟化角質,使肌膚變得細緻柔嫩,同時也有消炎效果,因此也能緩解過敏或是皮膚發炎。添加的比例最多不超過皂液 2%,因此製作 1000g 的手工皂時,可使用 10～20g 硫磺粉。由於硫磺粉不溶於油,需要用 30～40℃的純水溶解後使用,若無法順利溶解,可以使用調理棒攪拌混合。

4 確認基礎油及鹼液的溫度皆為 40～45℃後,相加混合。

5 輪流用矽膠刮刀跟調理棒攪拌皂液至 trace 狀態(Trace,p.39)。

6 完成 trace 後，加入精油攪拌。

7 按設計草圖份量分成三組皂液，再分別加入二氧化鈦（液態）、爐甘石粉調色。

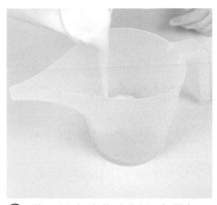

8 將三組皂液依序倒入大量杯，不需要特別攪拌。

9 緩緩將皂液倒入方格模具中。

保溫

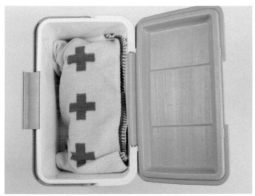

10 蓋上模具的蓋子，保存在約 30℃ 的環境中一天左右（保溫，p.38）。

切皂熟成

11 脫模後按需求大小切割，置於通風良好的地方，待 4 ～ 6 週晾乾熟成，即可按喜好包裝。

山羊奶滋潤皂

山羊奶的營養成分近似於母乳，用其製作出來的手工皂既溫和又滋潤，且成分中的蛋白質酵素還能去除頑固角質。在外觀上利用木炭粉的強烈對比色彩點綴手工皂，增添整體造型的亮點。

Skin type

乾性肌 .... ☑
油性肌 .... ☐
混合肌 .... ☐
敏感肌 .... ☑
痘痘肌 .... ☐
抗老化 .... ☑
舒緩異位性皮膚炎

.... ☐
兒童用 .... ☐

材料

基礎油
椰子油 100g
棕櫚油 100g
橄欖油 400g
蓖麻油 50g
可可油 100g

鹼液
氫氧化鈉 106g
結冰山羊奶
（30%） 225mL

精油
檸檬精油 5mL
薰衣草精油 10mL
玫瑰草精油 5mL

色澤添加物
木炭粉 3g
二氧化鈦（液態） 滴量

··· 設計草圖

● 白色皂液 700 mL
··➤ 皂液 700 mL、二氧化鈦（液態）適量

● 黑色皂液 300mL
··➤ 皂液 300mL、木炭粉 3g

製作皂液

1 取燒杯及電子秤，量好基礎油用量後隔水加熱至融化。

2 將結冰山羊奶放到量杯中，並一點一點加入氫氧化鈉，製作成鹼液。需留意溫度不超過 40℃。

3 在裝有基礎油的燒杯上架濾網，緩緩倒入鹼液。同樣也需留意基礎油的溫度不超過 40℃。

tip

使用乳製品代替純水做鹼液時，要特別注意溫度。若混合兩者的溫度超過 40℃，蛋白質會開始凝固、溶液也會變黃，因此才會建議先冷凍乳製品再與氫氧化鈉混合，以避免過熱。雖然使用上並不會有太大問題，但為了避免手工皂出現顏色不均的情形，建議將鹼液倒入基礎油時，要使用濾網過濾。

4 使用矽膠刮刀均勻混合皂液。

5 使用調理棒攪拌皂液，直到完成 trace 狀態。（Trace，p.39）

6 完成 trace 後，加入精油攪拌。

7 依據設計草圖分成兩組皂液，分別加
入二氧化鈦（液態）、木炭粉，調出
白色和黑色。

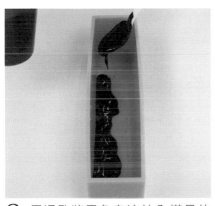

8 用湯匙將黑色皂液放入模具的
一側。

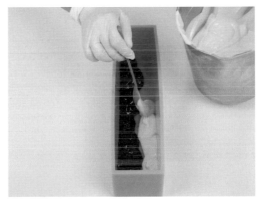

9 取另一支湯匙，在另一側放入白色皂
液。

10 上層再疊一層白色皂液，並留意倒
入時的力度不讓兩色皂液混合。

11 再疊上一長條黑色皂液。

12 重複步驟 8～11，直到填滿模具。

13 取一扁木棒，沿著模具外緣繞一圈，使皂塊四周能更為平順。

保溫

14 蓋上模具的蓋子，保存在約 30℃ 的環境中一天左右（保溫，p.38）。

切皂熟成

15 脫模後按需求大小切割，置於通風良好的地方 4～6 週，晾乾熟成。

柑橘親膚皂

為了異位性皮膚炎深感煩惱的人，不妨試試看這款柑橘手工皂吧！在基礎油中加入能鎮定搔癢感的月見草油，以及含有豐富油酸的山茶花油，達到穩定敏感肌膚的功效。其中的薰衣草精油也有助於改善皮膚問題，還有富含維他命 C 的紅椒粉，幫你洗出水潤光澤。

Skin type

乾性肌 .... ☑
油性肌 .... ☐
混合肌 .... ☐
敏感肌 .... ☑
痘痘肌 .... ☐
抗老化 .... ☑
舒緩異位性皮膚炎
.... ☑
兒童用 .... ☑

材料

基礎油
椰子油 150g
棕櫚油 100g
橄欖油 300g
山茶花油 150g
月見草種子油 50g

精油
甜橙精油 6mL
薰衣草精油 10mL
雪松精油 4mL

色澤添加物
紅甜椒粉 7g
燕麥粉 4g
二氧化鈦（液態） 適量

其他添加物
乾燥橘子片 10 片

··· 設計草圖

● 橘色皂液 700mL
　··· 皂液 700mL、紅甜椒粉 7g

○ 白色皂液 300mL
　··· 皂液 300mL、燕麥粉 4g、
　　二氧化鈦（液態）適量

🍊 乾燥橘子片 10 片

製作皂液

1 取燒杯及電子秤,量好基礎油用量後,隔水加熱至融化。

2 將氫氧化鈉加入純水中製成鹼液後,靜置降溫。

3 確認基礎油及鹼液的溫度皆為 40～45℃ 後,相加混合。

4 輪流用矽膠刮刀跟調理棒攪拌皂液,直到完成 trace 狀態（Trace,p.39）。

放入添加物、入模

5 完成 trace 後,加入精油攪拌。

6 依據設計草圖,將皂液分成兩組,各自加入需要的色澤添加物,調出橘色和白色的皂液。

7 先倒入橘色皂液，並保留一些作為最
上層的裝飾。

8 用湯匙輕輕將白色皂液鋪在橘色皂液
上方。

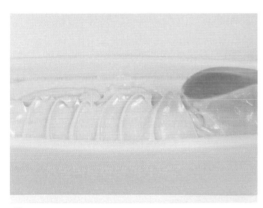

9 輕輕敲打模具以排出多餘空氣，並用
湯匙背面在上層刮出造型。

10 將步驟 7 保留的橘色皂液用湯匙放
入模具中，再用湯匙背面整形。

放上裝飾添加物

11 在模具側邊標註出 2.5cm 的間隔。

12 在每一個間隔的中間，插入 1 片乾
燥橘子片。

保溫

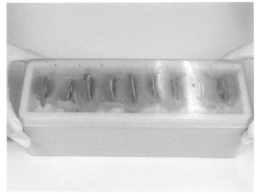

13 蓋上模具的蓋子，保存在約 30℃ 的環境中一天（保溫，p38）。

（保溫，p38）

tip

也可以選用其他果乾，但果乾切片不宜太大，建議切成適當小一點的薄片或稍微剝小塊，使用上會更方便。

切皂熟成

14 脫模後按需求大小切割，置於通風良好的地方 4～6 週晾乾熟成。

扁柏草本皂

這是一款透過竹筒熟成的天然手工皂，在乾燥熟成期間，竹子中所含的硫磺會漸漸滲入手工皂，這個特殊的成分能幫助肌膚排出毒素。另外，扁柏的芬多精也能鎮定皮膚炎，對於緩解搔癢紅腫等肌膚問題具有很好的效果。

Skin type

乾性肌 .... ☑
油性肌 .... ☐
混合肌 .... ☐
敏感肌 .... ☑
痘痘肌 .... ☐
抗老化 .... ☑
舒緩異位性皮膚炎
  .... ☑
兒童用 .... ☐

材料

基礎油
椰子油 150g
棕櫚油 150g
橄欖油 100g
酪梨油 300g
乳油木果油 50g

鹼液
氫氧化鈉 109g
扁柏蒸餾水（30％）
  225mL
（熱水浸泡法，p.29）

精油
扁柏精油 10mL
松樹精油 5mL

添加物
扁柏粉 15g

其他添加物
酒精 適量

··· 設計草圖

● 皂液 1000mL
  ···› 皂液 1000mL、扁柏粉 15g

製作皂液

1 取燒杯及電子秤，量好基礎油用量後隔水加熱至融化。

2 將氫氧化鈉加入扁柏蒸餾水中製成鹼液後，靜置降溫。

3 確認基礎油及鹼液的溫度皆為 40～45℃後，相加混合。

4 輪流用矽膠刮刀跟調理棒攪拌皂液直到完成 trace 狀態（Trace，p.39）。

放入添加物

5 將扁柏粉稍微用油拌開（p.27），加入 trace 後的皂液中攪拌均勻。

6 在皂液中加入精油並充分攪拌。

入模

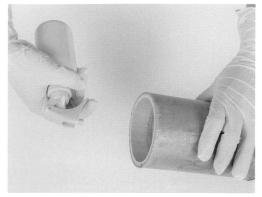

7 用酒精消毒竹筒內部。

8 將皂液倒入竹筒中。

9 取耐熱袋密封竹筒洞口。

保溫

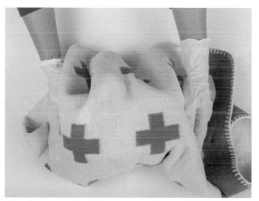

10 放置在約 30℃ 的環境中保存一天左右（保溫，p.38）。

乾燥熟成

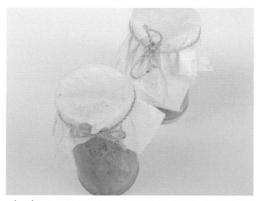

11 結束保溫後，將耐熱袋換成烘焙紙包覆竹筒洞口，置於通風良好的地方 3～6 週熟成。

tip

使用竹筒製作的手工皂，在乾燥熟成這個步驟中，需要等到皂液陰乾至能與竹筒自然分離，才算是完成。

綠茶籽油皂

基礎油選用了能抑制黑色素的綠茶籽油，並添加了綠茶萃取物，能有效鎮定發炎的痘痘，提升肌膚的透亮光澤。最後運用擠花袋增添設計的小巧思，做出令人食指大動的綠茶蛋糕造型，是不是十分吸睛呢！

Skin type

乾性肌 .... ☐
油性肌 .... ☑
混合肌 .... ☑
敏感肌 .... ☐
痘痘肌 .... ☑
抗老化 .... ☐
舒緩異位性皮膚炎
.... ☐
兒童用 .... ☐

材料

基礎油
椰子油 180g
棕櫚油 170g
橄欖油 200g
綠茶籽油 100g
榛果油 100g

鹼液
氫氧化鈉 112g
純水（32%） 240mL

精油
茶樹精油 10mL
佛手柑精油 6mL
雪松精油 4mL

色澤添加物
綠茶粉 4g
綠色礦物色粉 少許
魚腥草粉 6g
二氧化鈦（液態） 適量

其他添加物
綠茶萃取物（Green
Tea Extract） 8g

··· 設計草圖

● 淺棕色皂液 600mL
··· 皂液 600mL、魚腥草粉 6g、
二氧化鈦（液態）適量

● 綠色皂液 400mL
··· 皂液 400mL、綠茶粉 4g、綠色礦物色粉 少許

製作皂液

1 取燒杯及電子秤，量好基礎油的用量後，隔水加熱至融化。

2 將氫氧化鈉加入純水中製成鹼液後，靜置降溫。

3 確認基礎油及鹼液的溫度皆為 40～45℃ 後，相加混合。

放入添加物、入模

4 輪流用矽膠刮刀跟調理棒攪拌皂液，直到達成 trace 狀態（Trace，p.39）。

5 完成 trace 狀態後，加入精油與綠茶萃取物攪拌。

6 依據設計草圖的分量，將皂液分成兩組，並分別加入色澤添加物。

7 入模，先倒入一半的淺棕色皂液。

tip

此配方使用的天然色粉，較容易因接觸氫氧化鈉而變色，所以加入少許同色系的氧化物（礦物色粉）維持色澤。

8 待淺棕色皂液稍微凝固，用湯匙舀入一半的綠色皂液，輕輕鋪在上層。

9 取一扁木棒，沿著模具外緣繞一圈，使皂塊四周更為平順。

10 用湯匙將剩下的淺棕色皂液入模。

11 剩下的綠色皂液則裝入擠花袋，在模具最上層擠花裝飾。

保溫

切皂熟成

12 蓋上模具的蓋子，保存在約 30℃ 的環境中一天左右（保溫，p.38）。

13 脫模後按需求大小切割，置於通風良好的地方 4～6 週晾乾熟成。

蒲公英修護皂

如果你常常為了紅腫發炎的肌膚煩惱，請試試看蒲公英手工皂！蒲公英粉中富含的維他命 A 與維他命 C，能迅速舒緩肌膚發熱腫脹的狀況。再搭配具有強力消炎效果的天然硫磺粉，不僅能達到鎮定肌膚的效果，還能修復肌膚紋理，恢復光滑緊緻的狀態。

Skin type

乾性肌 .... ☐
油性肌 .... ☑
混合肌 .... ☑
敏感肌 .... ☑
痘痘肌 .... ☑
抗老化 .... ☐
舒緩異位性皮膚炎
.... ☐
兒童用 .... ☐

材料

基礎油
椰子油 200g
棕櫚油 200g
橄欖油 200g
葵花籽油 100g
米糠油 50g

鹼液
氫氧化鈉 112g
純水（32%） 240mL
天然硫磺粉 8g

精油
檸檬精油 6mL
綠薄荷精油 10mL
廣藿香精油 4mL

添加物
蒲公英粉 10g
二氧化鈦（液態） 適量

··· 設計草圖

● 白色皂液 330mL
  ··· 皂液 330mL、蒲公英粉 1g、
    二氧化鈦（液態）適量

● 淺棕色皂液 330mL
  ··· 皂液 330mL、蒲公英粉 2g、
    二氧化鈦（液態）適量

● 咖啡色皂液 330mL
  ··· 皂液 330mL、蒲公英粉 7g、
    二氧化鈦（液態）適量

製作皂液

1 取燒杯及電子秤,量好基礎油的用量後,隔水加熱至融化。

2 將氫氧化鈉加入純水中製成鹼液後,靜置降溫。

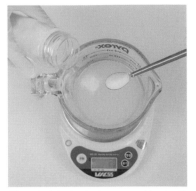

3 在鹼液中加入天然硫磺粉,充分攪拌至溶化。

4 確認基礎油及鹼液的溫度皆為 40～45℃後,相加混合。

5 輪流用矽膠刮刀跟調理棒攪拌皂液至 trace 狀態(Trace,p.39)。

6 完成 trace 後,加入精油攪拌。

放入添加物、入模

7 將蒲公英粉用油拌開（p.27）後，依據
設計草圖的分量分成三份。

8 將皂液也按設計草圖分量分成三份
後，各自加入步驟7與液態二氧化鈦，
調出顏色。

9 在模具下墊模具蓋，使模具稍微傾斜，
再倒入咖啡色皂液。

10 用湯匙舀入淺棕色皂液鋪在上層。

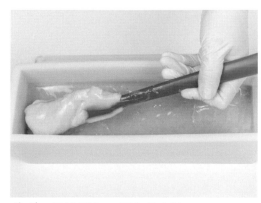

11 最後舀入一層白色皂液。

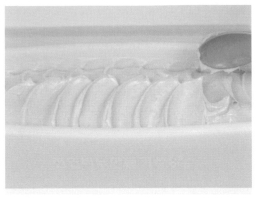 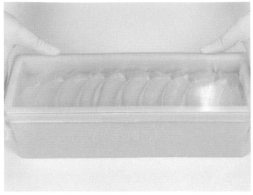

12 用湯匙背面將皂液往一側推抹，做出造型。

13 蓋上模具的蓋子，保存在約 30℃ 的環境中一天左右（保溫，**p.38**）。

切皂熟成

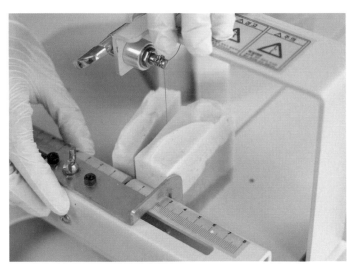

14 脫模後按需求大小切割，置於通風良好的地方 4～6 週晾乾熟成。

---

tip

米糠油的皂化速度比較快，因此要盡可能在 trace 的過程中製造稀一點的皂液，避免太快凝固。

磨石子椰油皂

剩餘的手工皂邊角不要丟！收集起來製作超 Cute 的磨石子手工皂吧！先使用頂級初榨椰子油做出能徹底清除肌膚油膩感的基礎皂，接著再用色彩繽紛的肥皂拼塊點綴出亮點，這樣一來，外觀漂亮、保養效果又好的油性肌專用皂就完成了。

Skin type

乾性肌 .... □
油性肌 .... ☑
混合肌 .... ☑
敏感肌 .... □
痘痘肌 .... ☑
抗老化 .... □
舒緩異位性皮膚炎
.... □
兒童用 .... □

材料

基礎油
頂級初榨椰子油 500g

鹼液
椰漿 85mL
純水 90mL
（椰漿＋純水為 35％，共 175mL）
氫氧化鈉 85g
（比原本比例少 10g）

精油
檸檬精油 6mL
茶樹精油 10mL
廣藿香精油 4mL

色澤添加物
二氧化鈦（液態） 適量

其他添加物
碎皂塊 50～100g

tip

椰子油的特性能讓手工皂變得硬實，因此若單用椰子油製作手工皂，必須減少氫氧化鈉的用量，避免手工皂過硬。

··· 設計草圖

白色皂液 750mL
··→ 皂液 750mL、二氧化鈦（液態）適量

碎皂 50～100g

切碎皂塊　　製作皂液

1 將多餘的手工皂邊角切成小塊備用。

2 取燒杯及電子秤，量好基礎油的用量後，隔水加熱至融化。

3 將椰漿加入基礎油中，並用調理棒均勻攪拌。

4 將氫氧化鈉加入純水中，製成鹼液後，靜置降溫。

5 將加溫到 35℃ 的步驟 3 基礎油與降溫到 35℃ 的鹼液混合。

6 輪流用矽膠刮刀跟調理棒攪拌皂液至 trace 狀態（Trace，p.39）。

放入添加物

7 在 trace 後的皂液中，加入液態二氧化鈦調色。

8 加入精油攪拌。

入模

9 把切好的碎皂塊放入皂液中，再均勻地攪拌。

10 把完成的皂液倒入模具內。

保溫

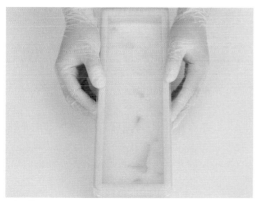

11 蓋上模具的蓋子，放在 30℃ 的環境中保溫一天左右。（保溫，p.38）

切皂熟成

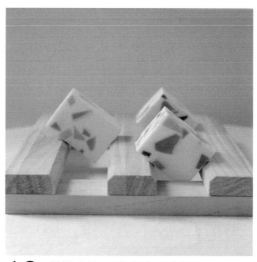

12 脫模後按需求大小切割，置於通風良好的地方，待 4～6 週熟成。

木炭控油皂

選擇具有驚人吸油與去除老廢角質功效的木炭，再搭配強力的消炎殺菌精油，一款特別適合油性肌膚的手工皂就誕生了！不僅能深入毛孔清潔，還具有收斂粗大毛孔的效果，還在為了粉刺而困擾的你，一定要試看看。

Skin type

乾性肌 .... ☐
油性肌 .... ☑
混合肌 .... ☑
敏感肌 .... ☐
痘痘肌 .... ☑
抗老化 .... ☐
舒緩異位性皮膚炎

.... ☐
兒童用 .... ☐

材料

基礎油
椰子油 200g
棕櫚油 200g
橄欖油 200g
榛果油 100g
葡萄籽油 50g

鹼液
氫氧化鈉 112g
純水（32％） 240mL

精油
茶樹精油 5mL
薄荷精油 10mL
尤加利精油 5mL

色澤添加物
木炭粉 9g
二氧化鈦（液態） 適量

… 設計草圖

⬤ 淺灰色皂液 250mL
… 皂液 250mL、木炭粉 0.5g、
二氧化鈦（液態）適量

⬤ 灰色皂液 250mL
… 皂液 250mL、木炭粉 1g、
二氧化鈦（液態）適量

⬤ 深灰色皂液 250mL
… 皂液 250mL、木炭粉 2.5g

⬤ 黑色皂液 250mL
… 皂液 250mL、木炭粉 5g

製作皂液

1 取燒杯及電子秤，量好基礎油的用量後，隔水加熱至融化。

2 將氫氧化鈉加入純水中製成鹼液後，靜置降溫。

3 確認基礎油及鹼液的溫度皆為 40～45℃ 後，相加混合。

4 輪流用矽膠刮刀跟調理棒攪拌皂液至 trace 狀態（Trace，p.39）。

5 完成 trace 後，加入精油攪拌。

放入添加物、入模

6 依據設計草圖的分量，將皂液分成四等份，並各自加入色澤添加物調色。

7 在模具兩側同時倒入黑色皂液跟灰色皂液。

8 用扁木棒整平皂液的表層。

9 接著在模具兩側同時倒入淺灰色皂液跟深灰色皂液。

10 用扁木棒整平皂液表層，並沿著模具外緣繞一圈，使皂塊四周能更為平順。

保溫

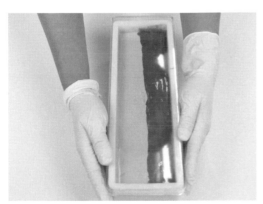

11 蓋上模具的蓋子，保存在約 30℃ 的環境中一天左右（保溫，p.38）。

切皂熟成

12 脫模後，按需求大小切割，置於通風良好的地方 4～6 週晾乾熟成。

徜徉大海薄荷皂

原本素雅的外觀，也可以透過各式皂章玩出多采多姿的花樣。這一款是運用鯨魚圖案的皂章，搭配海洋色調皂液，打造出恣意徜徉的舒適氛圍！可以依照喜好挑選多款皂章，設計出專屬自己的皂上世界。

Skin type

乾性肌 .... ☐
油性肌 .... ☑
混合肌 .... ☑
敏感肌 .... ☑
痘痘肌 .... ☐
抗老化 .... ☐
舒緩異位性皮膚炎
.... ☑
兒童用 .... ☐

材料

基礎油
椰子油 170g
棕櫚油 180g
橄欖油 200g
山茶花油 70g
酪梨油 80g
乳油木果油 50g

鹼液
氫氧化鈉 112g
純水（32%） 240mL

精油
甜橙精油 6mL
綠薄荷精油 10mL
雪松精油 4mL

色澤添加物
青黛粉 5g
木炭粉 1g
二氧化鈦（液態） 適量

··· 設計草圖

○ 白色皂液 350mL
··· 皂液 350mL、二氧化鈦（液態）適量

● 深藍色皂液 650mL
··· 皂液 650mL、青黛粉 5g、木炭粉 1g

製作皂液

1 取燒杯及電子秤，量好基礎油的用量後，隔水加熱至融化。

2 將氫氧化鈉加入純水中製成鹼液後，靜置降溫。

3 確認基礎油及鹼液的溫度皆為 40～45℃ 後，相加混合。

4 輪流用矽膠刮刀跟調理棒攪拌皂液至 trace 狀態（Trace，p.39）。

5 完成 trace 後，加入精油攪拌。

放入添加物、入模

6 依據設計草圖的分量分成兩組皂液，加入色澤添加物調色。

7 將深藍色皂液倒入模具。

8 利用湯匙背面在皂液上方刮出海浪線條造型。

9 緩緩倒入白色皂液，注意力道就能避免兩個顏色的皂液混合。

保溫

10 利用湯匙背面將皂液從一側推向中央，做出海浪線條造型。

11 蓋上模具的蓋子，保存在約 30℃ 的環境中一天左右（保溫，p.38）。

切皂熟成

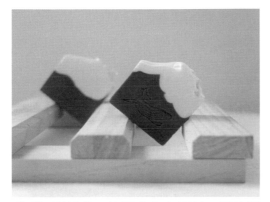

12 脫模後，按需求大小切割，置於通風良好的地方 2～4 天後用皂章壓印，再放 4～6 週晾乾熟成。

tip

蓋皂章的步驟等到切皂後晾乾 2～4 天再進行，才能留下俐落清楚的紋路。

漢方蠶絲洗髮皂

加入了當歸、甘草、川芎等藥材熬製而成的韓國五運津液，具有鎮定頭皮、修復受損毛髮的功效，搭配富含氨基酸的蠶繭，讓髮絲呈現出滋潤光澤。一起來做做看讓自己的頭皮更健康、預防落髮又能滋養毛髮的洗髮皂吧。

Skin type

乾性肌 .... □
油性肌 .... □
混合肌 .... ☑
敏感肌 .... ☑
痘痘肌 .... □
抗老化 .... □
預防落髮 .... ☑
頭皮健康 .... ☑

材料

基礎油
椰子油 200g
棕櫚油 150g
橄欖油 100g
山茶花油 100g
酪梨油 100g
蓖麻油 50g
月桂葉油 50g

鹼液
氫氧化鈉 113g
扁柏蒸餾水（32%） 240mL
（熱水浸泡法，p.29）

其他添加物
五運津液 10mL
（五運津液是源自韓國
《東醫寶鑑》的古藥方，
台灣可以至中藥房購買
生髮的藥帖後煎成湯藥
使用。）
蕁麻葉萃取物
（nettle extract） 6g
蠶繭 15g

… 設計草圖

● 皂液 1000mL
　… 皂液 1000mL、五運津液 10mL、
　　蕁麻葉萃取物 6g

 蠶繭 15g

準備添加物　**製作皂液**

1 混合五運津液與蕁麻葉萃取物，攪拌均勻。

2 取燒杯及電子秤，量好基礎油用量後，隔水加熱至融化。

3 將氫氧化鈉加入扁柏蒸餾水中製成鹼液液，再加以混合。

4 當鹼液的溫度升到 60～70℃時，放入蠶繭攪拌到溶解。

5 確認基礎油及鹼液皆達到 40～45℃後混合。

6 輪流用矽膠刮刀跟調理棒攪拌皂液至 trace 狀態。
（Trace，p.39）

放入添加物、入模

tip

在鹼液中放入蠶繭後，有可能會產生團狀的蠶絲沉澱物，此時必須充分攪拌到完全溶化，或用濾網過濾鹼液後再使用。

7 皂液 trace 後，加入步驟 1 的添加物並攪拌均勻。

8 在皂液中加入精油拌勻。

9 把完成的皂液倒入模具中。

10 使用茶匙背面,將左右兩側的皂液往中間集中推疊做出造型。

保溫

11 蓋上模具的蓋子,保存在約30℃的環境中一天左右(保溫,p.38)。

切皂熟成

12 脫模後按需求大小切割,置於通風良好的地方 4～6 週晾皂熟成。

檸檬去油洗碗皂

這種手工洗碗皂有著不輸給合成清潔劑的優秀去污力，泡沫也相當豐盈，如果配方中再加入小蘇打粉、澱粉跟桂皮粉，殺菌效果會更出色。將手工皂的純淨感受延伸到生活家事中，優雅地讓廚房煥然一新吧。

材料

基礎油
椰子油 200g
棕櫚油 300g
豬油 200g
蓖麻油 50g

鹼液
氫氧化鈉 114g
純水（33％） 247mL

精油
檸檬精油 10mL

色澤添加物
南瓜粉 3g
二氧化鈦（液態） 適量

其他添加物
小蘇打粉 10g
玉米粉 10g
桂皮粉 10g

⋯ 設計草圖

● 黃色皂液 300mL
　⋯ 皂液 300mL、南瓜粉 3g

○ 白色皂液 700mL
　⋯ 皂液 700mL、二氧化鈦（液態）適量

準備添加物　　製作皂液

1 量好桂皮粉用量，並用油拌開（p.27）。

2 取燒杯及電子秤，量好基礎油的用量後，隔水加熱至融化。

3 將氫氧化鈉加入純水中製成鹼液後，靜置降溫。

4 在基礎油中加入小蘇打粉和玉米粉，並混合拌勻。

5 確認基礎油及鹼液的溫度皆為 40～45℃後，相加混合。

6 輪流用矽膠刮刀跟調理棒攪拌皂液至 trace 狀態（Trace，p.39）。

放入添加物

tip

如果沒有桂皮粉，可使用咖啡粉或咖啡渣代替。

7 在完成 trace 的皂液中倒入步驟 1 的桂皮添加物，並混合拌勻。

8 在皂液中加入檸檬精油後均勻攪拌。

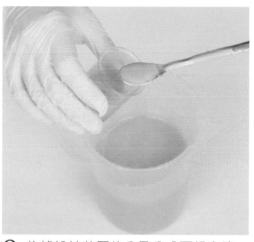

9 依據設計草圖的分量分成兩組皂液，接著在 300 mL 的皂液中加入南瓜粉調色。

10 在另一組 700 mL 的皂液中，一點一點加入液態二氧化鈦，調出想要的顏色。

入模

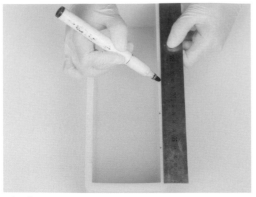

11 模具側邊以 4 公分為間隔做標記。

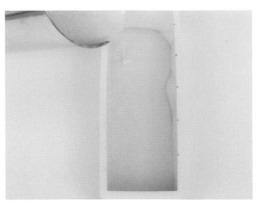

12 將白色皂液倒入模具。

13 沿著模具的一側倒入黃色皂液。

14 取一扁木棒,沿著模具外緣繞一圈,使皂塊四周更為平順。

預留穿孔位置

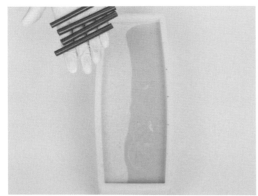

15 將吸管裁剪成同模具高度的長段。

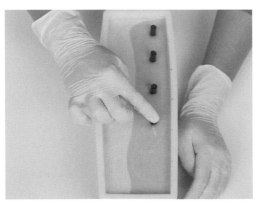

16 在標記處插上吸管。注意吸管的位置如果離邊緣太近,垂吊時容易產生斷裂。

保溫

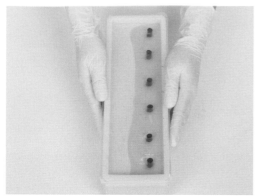

17 蓋上模具的蓋子，保存在約 30 度的環境中一天左右（保溫，p.38）。

切皂、綁掛繩

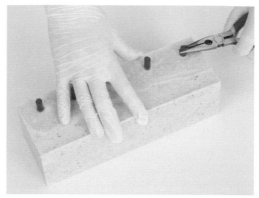

18 保溫結束後，將皂塊脫模，並取出吸管。

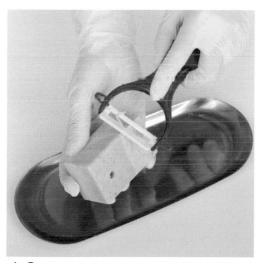

19 將手工皂切塊後，使用削皮器修整手工皂邊緣。

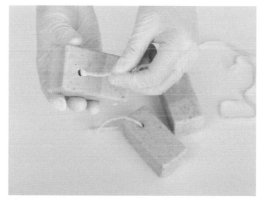

20 剪一段麻繩或棉繩，穿入預留的孔洞中，打一個結固定。

熟成

21 置於通風良好的地方，待 4～6 週晾皂熟成。

肉桂潔汙洗衣皂

這款手工皂除了製作方法十分簡單，因為不會直接接觸肌膚，可以用比較平價或剩餘的油脂製作，解決剩油的問題。在這款素淨外觀的洗衣皂上，使用多樣的模具或不同的皂章來增加豐富度，看起來也很有設計感。

材料

基礎油
椰子油 300g
棕櫚仁油 200g
大豆油 200g
蓖麻油 50g

鹼液
氫氧化鈉 118g
純水（33％） 247mL

精油
肉桂精油 10mL

色澤添加物
二氧化鈦（液態） 適量

其他添加物
小蘇打粉 10g
玉米粉 10g

··· 設計草圖

● 皂液 750mL
··➤ 皂液 750mL、二氧化鈦（液態）適量

製作皂液

1 取燒杯及電子秤，量好基礎油的用量後，隔水加熱至融化。

2 將氫氧化鈉加入純水中製成鹼液後，靜置降溫。

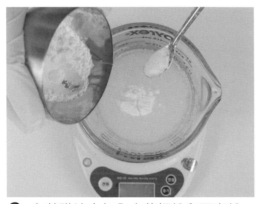

3 在基礎油中加入小蘇打粉和玉米粉，充分攪拌到完全溶解。

4 確認基礎油及鹼液的溫度皆為40～45℃後，相加混合。

5 輪流用矽膠刮刀跟調理棒攪拌皂液至 trace 狀態（Trace，p.39）。

tip

· 洗衣皂配方中不要使用深色添加物，避免沾染衣物。

· 椰子油跟棕櫚油屬於高清潔力的油脂，皂化速度很快，如果外觀過於複雜，有可能做到一半就凝固了，建議以簡單的設計為主。

放入添加物、入模

6 皂液 trace 後，加入二氧化鈦調色。

7 在皂液中加入肉桂精油後混合均勻。

8 把完成的皂液倒入模具。

保溫

9 蓋上模具的蓋子，保存在約 30℃ 的環境中一天左右（保溫，p.38）。脫模後，按需求切割，放置通風處 2～4 天，再用皂章壓印。

熟成

10 置於通風良好的地方 4～6 週晾皂熟成。

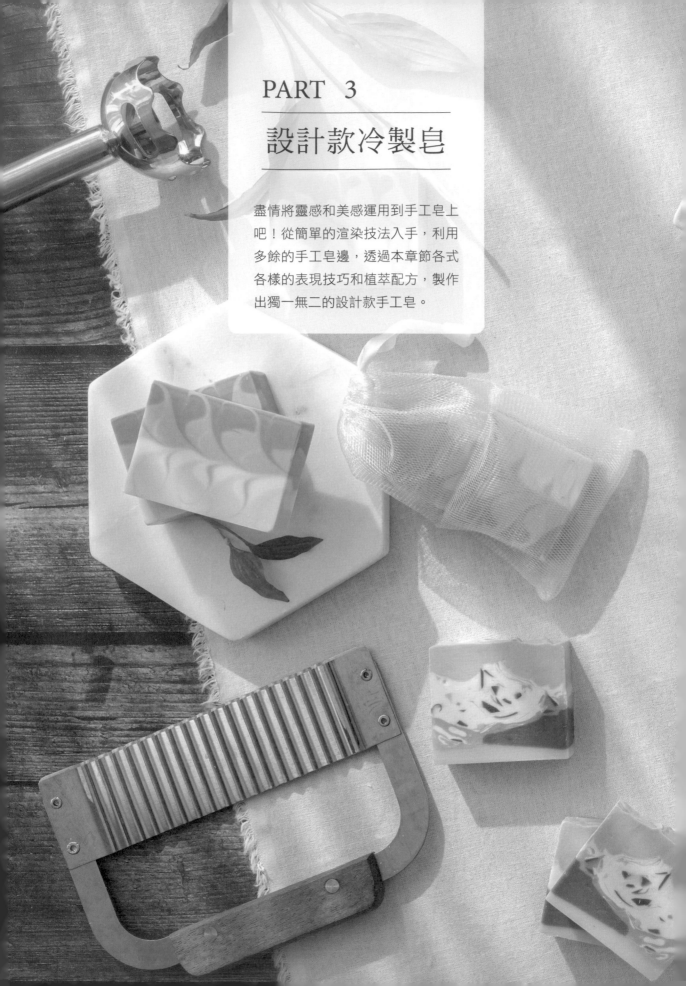

PART 3
設計款冷製皂

盡情將靈感和美感運用到手工皂上吧！從簡單的渲染技法入手，利用多餘的手工皂邊，透過本章節各式各樣的表現技巧和植萃配方，製作出獨一無二的設計款手工皂。

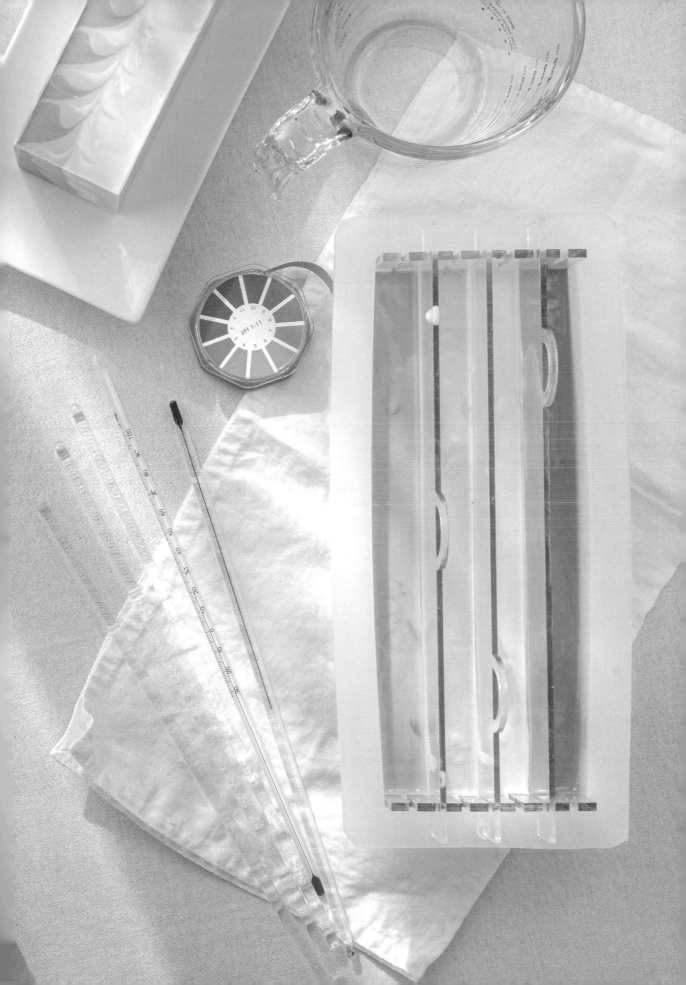

輕鬆上手的彩繪技巧

在前一個基礎冷製皂的章節中，我們已經反覆練習過 trace 和渲染的技法，現在我們可以再進一步，將這些技法應用在手工皂的設計上。接下來要教大家做出幾種不同紋路的彩繪方式，先決定想要的模樣後，思考看看如何呈現吧！

主要的彩繪技巧

一、混合顏色後倒入模具

大理石紋渲染

1 準備 3 種不同顏色的皂液，將其中一種的 1/3 倒入量杯中。

2 沿著量杯一側的邊緣倒入另一色皂液的 1/3。

3 同步驟 2 倒入第三個顏色的 1/3。重複步驟 1 到 3，直到填滿燒杯。

4 將矽膠刮刀靠在模具上，讓皂液從矽膠刮刀上流入模具中直到填滿。

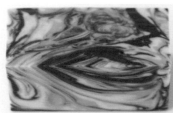

* 使用矽膠刮刀做出曲線，呈現大理石紋渲染的自然效果。

條紋渲染

1 準備 3 種不同顏色的皂液，將其中一種的 1/3 倒入量杯中。

2 沿著量杯一側邊緣倒入另一色皂液的 1/3。

3 同步驟 2 倒入第三個顏色的 1/3。重複步驟 1 到 3，直到填滿燒杯。

4 在模具下方墊模具蓋，使模具稍微傾斜，一邊左右晃動量杯一邊倒入皂液。

＊晃動量杯讓顏色混合後水平倒入模具中，就可以做出細肖的線條。

貝殼紋渲染

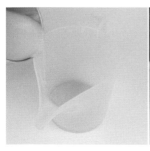   

1 準備 3 種不同顏色的皂液，將其中一種的 1/3 倒入量杯中。

2 沿著量杯一側邊緣倒入另一色皂液的 1/3。

3 同步驟 2 倒入第三個顏色的 1/3。重複步驟 1 到 3，直到填滿燒杯。

4 在模具下方墊模具蓋，使模具稍微傾斜，從模具的任一角倒入皂液，呈現半圓形的自然貝殼紋。

＊可以從模具單一位置或幾個不同的邊角，分次少量倒入皂液，呈現出不同的模樣。

二、各色皂液分別倒入模具

環狀渲染

1 將量杯杯口靠在模具一角，慢慢倒入皂液。

2 其他顏色的皂液也用同樣方式慢慢倒入，避免流速過快導致皂液混合。

3 重複上述步驟直到填滿模具。

＊各色皂液要從同一角輪流倒入，做出擴散的環狀造型。

多重渲染

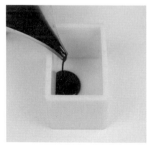   

1 從模具的一側倒入皂液。

2 從另一側倒入不同顏色的皂液，注意各色皂液不相疊。

3 從不同側輪流倒入各色皂液直到模具填滿。

4 使用長木條劃出想要的紋路效果。

＊隨著劃的方向、力道不同，完成後的紋路也會不一樣。

木紋渲染

1 將兩色皂液同時從兩側倒入模具。

2 第三個顏色的皂液從其中一側倒入。

3 將玻璃棒插入皂液中,從上到下畫出等間隔的 Z 字型。

4 最後再從上到下畫出兩條直線,製作出木紋效果。

＊亦可利用壓克力隔板倒入皂液。
（柔和渲染潤澤皂,p.110）

為不同彩繪設計調整 trace 狀態

製作較稀的 trace

・挑選基礎油時,選擇皂化速度較慢的油脂。

・純水的水量要增加 1 ～ 2%。

・挑選製作配方時,減少飽和脂肪酸的比例。

・盡可能不轉動調理棒,以最小幅度進行攪拌。

・精油或混有粉類的油脂等液態材料入模前,要先與皂液混合。

製作較稠的 trace

・挑選飽和脂肪酸高的配方,或在配方中增加飽和脂肪酸的比例。

・延長「調理棒－矽膠刮刀」攪拌至 trace 的步驟。

・可將皂液暫時放入保麗龍箱、保冰箱,或是置於常溫下皂化後再進行作業。

柔和渲染潤澤皂

用渲染技巧做出這款看起來溫柔舒服的手工皂，配方中同時使用了甜杏仁油跟杏桃仁油，可以增強清潔力之外，還能緩解發炎的狀況，清爽又滋潤，很適合缺水的油性肌使用。

Skin type

乾性肌 .... ☐
油性肌 .... ☑
混合肌 .... ☑
敏感肌 .... ☐
痘痘肌 .... ☐
抗老化 .... ☐
舒緩異位性皮膚炎
.... ☐
兒童用 .... ☐

材料

基礎油
椰子油 170g
棕櫚油 180g
橄欖油 150g
甜杏仁油 100g
杏桃仁油 70g
澳洲胡桃油 80g

鹼液
氫氧化鈉 112g
純水（32%） 240mL

精油
薄荷精油 6mL
苦橙葉精油 4mL
薰衣草精油 10mL

色澤添加物
黃色雲母粉 少許
綠色雲母粉 少許
粉紅色雲母粉 少許

··· 設計草圖

● 黃色皂液 250mL
　···▶ 皂液 250mL、黃色雲母粉 少許

● 淡粉色皂液 250mL
　···▶ 皂液 250mL、粉色雲母粉 少許

● 深粉色皂液 250mL
　···▶ 皂液 250mL、粉色雲母粉 少許

● 淡綠色皂液 250mL
　···▶ 皂液 250mL、綠色雲母粉 少許

製作皂液

1 取燒杯及電子秤，量好基礎油用量後隔水加熱至融化。

2 將氫氧化鈉加入純水中製成鹼液後，靜置降溫。

3 確認基礎油及鹼液的溫度皆為40〜45℃後，相加混合。

4 輪流用矽膠刮刀跟調理棒攪拌皂液至trace狀態（Trace，p.39）。

放入添加物、入模

5 完成trace後，加入精油攪拌。

6 依據設計草圖將皂液分成四組，並各自加入添加物調色。透過增減粉色石英粉的用量，調製出深淺不同的粉色皂液後備用。

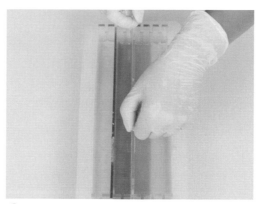

7 在模具中裝上三片壓克力板,分別倒入不同顏色的皂液。

8 慢慢拿掉壓克力板。

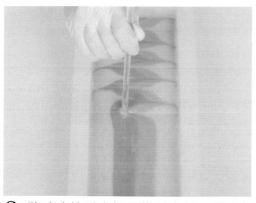

9 將玻璃棒垂直插入模具底部,以固定間隔劃 Z 字型。

tip

玻璃棒必須垂直,並從頭到尾維持相同的間隔與角度移動,才能讓中間及底部的皂液也產生渲染紋樣。

保溫　　　　　　　切皂熟成

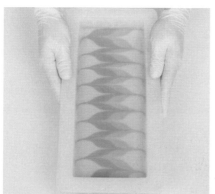

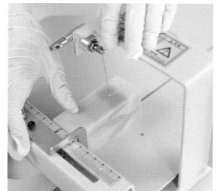

10 蓋上模具的蓋子,在約30℃的環境中放置一天左右(保溫,p.38)。

11 脫模後,按需求大小切割,置於通風良好的地方,待 4 ～ 6 週晾乾熟成。

池邊風景潔淨皂

將蓮花池邊的風景化成手工皂的造型設計，呈現出素雅的花瓣、荷葉細節，打造充滿意象的純淨氛圍。製作配方中挑選了適合油性及混合性肌膚的基礎油，洗起來清爽不黏膩，並利用擠花袋控制皂液，製作出獨特的圖樣。

Skin type

乾性肌 .... □
油性肌 .... ☑
混合肌 .... ☑
敏感肌 .... □
痘痘肌 .... ☑
抗老化 .... ☑
舒緩異位性皮膚炎
.... □
兒童用 .... □

材料

基礎油
椰子油 150g
棕櫚油 150g
橄欖油 300g
綠茶籽油 100g
葡萄籽油 50g

鹼液
氫氧化鈉 109g
純水（30%） 225mL

精油
柑橘精油 5mL
玫瑰天竺葵精油 10mL
花梨木精油 5mL

色澤添加物
綠色雲母粉 少許
黃色雲母粉 少許
粉紅色雲母粉 少許
藍色雲母粉 3g
二氧化鈦（液態） 適量

··· 設計草圖

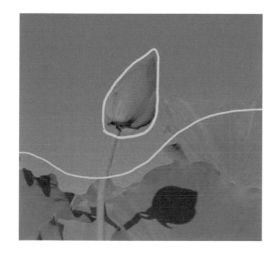

● 淡綠色皂液 200mL
　··· 皂液 200mL、綠色雲母粉 少許、
　　 二氧化鈦（液態）適量

● 綠色皂液 150mL
　··· 皂液 150mL、綠色雲母粉 少許

● 紅色皂液 30mL
　··· 皂液 30mL、粉紅色雲母粉 少許

● 黃色皂液 20mL
　··· 皂液 20mL、黃色雲母粉 少許

● 藍色皂液 600mL
　··· 皂液 600mL、藍色雲母粉 3g、
　　 二氧化鈦（液態）適量

製作皂液

1 取燒杯及電子秤，量好基礎油的用量後，隔水加熱至融化。

2 將氫氧化鈉加入純水中製成鹼液後，靜置降溫。

3 確認基礎油及鹼液的溫度皆為 40～45℃，相加混合。

4 輪流用矽膠刮刀跟調理棒攪拌皂液至 trace 狀態（Trace，p.39）。

5 完成 trace 後，加入精油攪拌。

放入添加物、入模

6　依據設計草圖將皂液分成五組，並放入色澤添加物，調出藍色以外的四種顏色。

7　將不同顏色的皂液分別倒入擠花袋中。

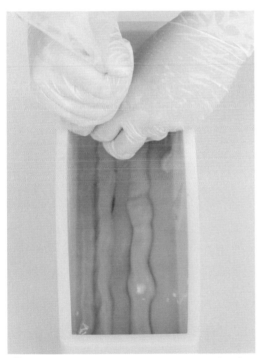

8　輪流以淡綠色與綠色皂液，從上到下一字型擠入模具中。

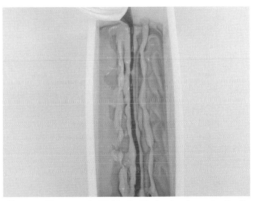

9　如圖示，酌量擠上黃色皂液跟紅色皂液，做出蓮花的模樣。

tip

製作草原或花園等自然景觀時，皂液不需要太過筆直或工整，才能呈現出貼近自然的氛圍。

10 接著依照設計草圖,用藍色雲母粉製作出藍色皂液。

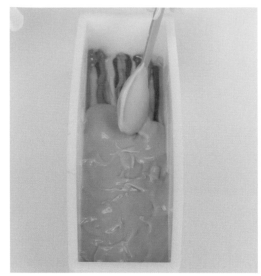

11 用湯匙慢慢將藍色皂液鋪上,留意力道要輕,避免跟下方皂液混合。

保溫

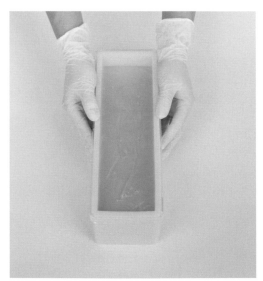

12 蓋上模具的蓋子,保存在約 30℃ 的環境中一天左右(保溫,p.38)。

切皂熟成

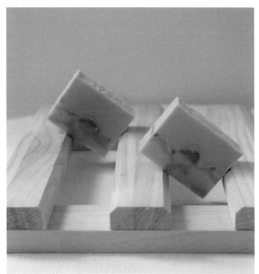

13 脫模後,按需求大小切割,置於通風良好的地方 4〜6 週晾乾熟成。

月升之夜薰衣草皂

利用剩餘的手工皂邊削成片，營造出暈染在天空上的柔和月光。當然，也可以隨喜好調整月亮的形狀和位置，或是置換天空的顏色，打造一款最舒適療癒的草原夜光手工皂。

Skin type

乾性 .... ☐
油性 .... ☑
混合性 .... ☑
敏感性 .... ☐
痘痘肌 .... ☐
老化 .... ☑
異位性皮膚炎 ...... ☐
孩童 .... ☐

材料

基礎油
椰子油 180g
棕櫚油 170g
橄欖油 200g
芥花油 100g
澳洲胡桃油 100g

鹼液
氫氧化鈉 111g
純水（32%）240mL

精油
薰衣草精油 20mL

色澤添加物
青黛粉 10g
綠球藻粉 適量
木炭粉 適量
綠色雲母粉 1.5g

其他添加物
半月形皂中皂 1/2 個
（製作方法請見 p.123）
手工皂邊 適量

··· 設計草圖

● 淡綠色皂液 300mL
  ··→ 皂液 300mL、綠色雲母粉 1.5g

● 深綠色皂液 100mL
  ··→ 皂液 300mL、木炭粉 適量、綠球藻粉 適量

● 藍色皂液 600mL
  ··→ 皂液 300mL、青黛粉 10g

處理皂邊　　　　製作皂液

1 使用削皮器將手工皂邊削薄片備用。

2 取燒杯及電子秤,量好基礎油用量後隔水加熱至融化。

3 將氫氧化鈉加入純水中製成鹼液後,靜置降溫。

4 確認基礎油及鹼液的溫度皆為 40～45℃後,相加混合。

5 輪流用矽膠刮刀跟調理棒攪拌皂液至 trace 狀態(Trace,p.39)。

6 完成 trace 後,加入精油攪拌。

tip

製作皂中皂

1. 量出 80g 的白色皂基。
2. 皂基切成小塊後微波使其完全溶解。或者以隔水加熱方式進行。
3. 將皂液倒入半月形管模。
4. 靜置凝固至少三小時即可使用。

7 依據設計草圖分成三組皂液，加入色澤添加物調色。

8 在淡綠色皂液跟深綠色皂液中放入皂片並稍微攪拌。

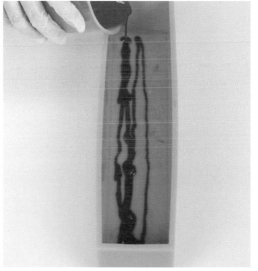

9 在模具中倒入一半的淡綠色皂液，跟適量的深綠色皂液。

10 緩緩混合剩下的淡綠色皂液跟深綠色皂液，並倒入模具內。

11 取一扁木棒，沿著模具外緣繞一圈，使皂塊四周更為平順。接著等待皂液稍微變硬。

12 用矽膠刮刀輕柔地鋪上一層薄薄的藍色皂液。

13 將做好的半月形皂中皂放入模具的正中央。

14 再倒上 2/3 量的藍色皂液。

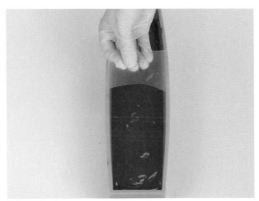

15 剪一塊和模具同寬的硬塑膠片，並將一側修剪成內彎。

16 待表面稍微凝固後，用塑膠片在皂液表層從上慢慢往下刮。

17 撒上薄薄一層削好的皂片。

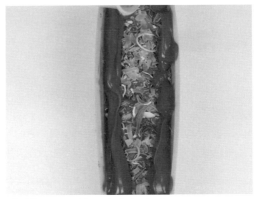

18 倒入剩下的藍色皂液。

保溫

切皂熟成

19 再次用扁木條整理手工皂的
外緣後，蓋上模具的蓋子，
保存在約 30℃ 的環境中一
天左右（保溫，p.38）。

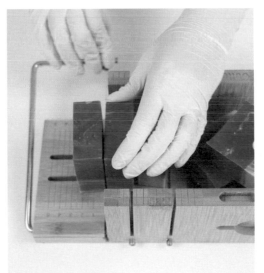

20 脫模後按需求大小切皂，置於通風
良好的地方 4～6 週晾乾熟成。

薄荷山谷皂

薄荷山谷手工皂不僅適用於混合肌與油性肌膚，放在浴室裡也能帶來大自然山林的療癒氛圍。只要掌握製作方法，就能透過改變天空、山景和大地的皂液顏色，調配出千變萬化的四季風景。

Skin type

乾性肌 .... ☐
油性肌 .... ☑
混合肌 .... ☑
敏感肌 .... ☐
痘痘肌 .... ☐
抗老化 .... ☑
舒緩異位性皮膚炎
 .... ☐
兒童用 .... ☐

材料

基礎油
椰子油 180g
棕櫚油 170g
橄欖油 200g
芥花油 100g
澳洲胡桃油 100g

鹼液
氫氧化鈉 111g
純水（32%） 240mL

精油
綠薄荷精油 10mL
薄荷精油 10mL

色澤添加物
木炭粉 2.5g
薄荷綠雲母粉 2.5g
綠球藻粉 1g
二氧化鈦（液態） 適量

··· 設計草圖

● 黑色皂液 200mL
··· 皂液 200mL、木炭粉 2g

● 深青色皂液 100mL
··· 皂液 100mL、綠球藻粉 1g、木炭粉 0.5g

● 灰綠色皂液 300mL
··· 皂液 300mL、薄荷色雲母粉 0.5g、
 二氧化鈦（液態）適量

● 薄荷色皂液 400mL
··· 皂液 400mL、薄荷色雲母粉 2g、
 二氧化鈦（液態）適量

製作皂液

1 取燒杯及電子秤，量好基礎油的用量後，隔水加熱至融化。

2 將氫氧化鈉加入純水中製成鹼液後，靜置降溫。

3 確認基礎油及鹼液的溫度皆為 40～45℃後，相加混合。

4 輪流用矽膠刮刀跟調理棒攪拌皂液至 trace 狀態（Trace，p.39）。

5 完成 trace 後，加入精油攪拌。

放入添加物、入模

6 依據設計草圖將皂液分成四組，各自加色澤添加物調色。

7 將黑色皂液倒入模具，用湯匙背面將兩側皂液向中間推疊。

8 將灰綠色皂液跟深青色皂液混合至一個量杯，並稍微攪拌（不要拌勻）。

9 把模具蓋墊在模具下方，使模具傾斜再倒入步驟 8 的皂液，保溫靜置，待皂液稍微凝固。

10 用湯匙背面將一側的皂液往中間堆高，表現出山峰造型。

tip

皂液入模後必須等到稍微凝固，才能再製作下一層。因此要隨時攪拌還沒使用的皂液，避免放太久凝固，變得無法使用。

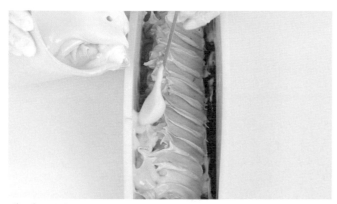

11 在模具兩側邊用湯匙輕輕鋪上薄荷色皂液。

保溫

 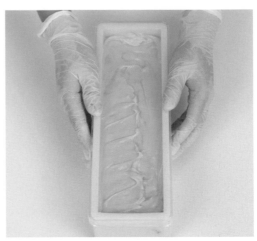

12 取一扁木棒,沿著模具外緣繞一圈,使皂塊四周更為平順。

13 蓋上模具的蓋子,保存在約 30℃ 的環境中一天左右(保溫,p.38)。

切皂熟成

14 脫模後,按需求大小切割,置於通風良好的地方,待 4～6 週晾乾熟成。

香草天空皂

如果做過薄荷山谷的四色手工皂了,這次我們來挑戰更細膩的風景圖案吧!利用小片的手工皂邊,可以輕鬆地做出冰山的感覺。這種特殊設計的手工皂外觀迷人,更是市面上獨一無二的造型,洗起來舒適,看著也心曠神怡。

Skin type

乾性肌 .... □
油性肌 .... ☑
混合肌 .... ☑
敏感肌 .... ☑
痘痘肌 .... □
抗老化 .... ☑
舒緩異位性皮膚炎
.... □
兒童用 .... □

材料

基礎油
椰子油 180g
棕櫚油 180g
橄欖油 140g
澳洲胡桃油 150g
葵花籽油 100g

鹼液
氫氧化鈉 112g
純水（30%） 240mL

精油
甜橙精油 6mL
葡萄柚精油 10mL
廣藿香精油 4mL

色澤添加物
綠球藻粉 適量
木炭粉 適量
青黛粉 適量
綠色雲母粉 少許
粉紅色雲母粉 少許
二氧化鈦（液態） 適量

其他添加物
手工皂邊 適量

… 設計素描圖

● 白色皂液 400mL
　⋯▸ 皂液 400mL、二氧化鈦（液態）適量

● 粉紅色皂液 300mL
　⋯▸ 皂液 300mL、粉紅色雲母粉 少許

● 淡綠色皂液 150mL
　⋯▸ 皂液 150mL、綠色雲母粉 少許

● 深綠色皂液 100mL
　⋯▸ 皂液 100mL、綠球藻粉 適量、
　　　木炭粉 適量

● 灰藍色皂液 100mL
　⋯▸ 皂液 100mL、青黛粉 適量、
　　　二氧化鈦（液態） 適量

處理手工皂邊　　　製作皂液

1 將多餘的手工皂邊切成薄片或小塊等需要的大小後備用。

2 取量杯及電子秤，量好基礎油用量後隔水加熱至融化。

3 將氫氧化鈉加入純水中製成鹼液後，靜置降溫。

4 確認基礎油及鹼液的溫度皆為 40～45℃後，相加混合。

5 輪流用矽膠刮刀跟調理棒攪拌皂液至 trace 狀態（Trace，p.39）。

6 完成 trace 後，加入精油攪拌。

放入添加物、入模

7 依據設計草圖的份量分成五組
皂液,並各自加入色澤添加物
調色。

8 先將淡綠色皂液倒入模具,稍微靜置到皂
液表面微微凝固。

9 將矽膠刮刀斜放,讓深綠色液順著刮刀緩緩
流下,集中在模具的一側。

tip

倒入不同顏色的皂液時,使
用矽膠刮刀當輔助,刮刀盡
可能貼近模具中的皂液表
面,使另一色的皂液順著刮
刀流入模具中,避免下方皂
液被擠壓。

10 在白色皂液跟灰藍色皂液中,分別放入步
驟 1 的碎皂片後攪拌。

11 在白色皂液中倒入灰藍色皂液，並稍微攪拌。

12 將步驟 11 的皂液倒入模具。

13 使用湯匙背面將皂液往中間推高，製造出山谷的形狀。

14 從模具兩側輕輕倒入粉色皂液，儘量避免壓到山谷形狀。

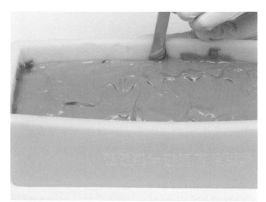

15 取一扁木棒，沿著模具外緣繞一圈，使皂塊四周更為平順。

tip

鋪上每一層皂液後，建議稍微放置到表面微微凝固再鋪下一層，避免皂液的顏色混在一起。

保溫 切皂熟成

16 蓋上模具的蓋子，保存在約 30℃ 的環境中一天左右（保溫，p.38）。

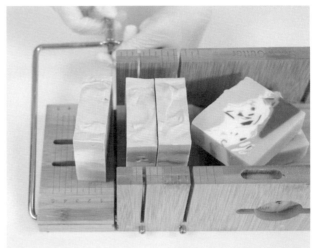

17 脫模後，按需求大小切割，置於通風良好的地方，待 4～6 週晾乾熟成。

南瓜奶油蛋糕皂

這一款南瓜海綿蛋糕造型的手工皂，用來裝點家中，或當禮物送人都非常合適。
利用圓形模具做出海綿蛋糕體，保溫一天凝固後，再用乳白皂液做出讓人直流口
水的鮮奶油，最後放上超 Q 的南瓜小皂，絕對是一款絕無僅有的設計手工皂！

Skin type

乾性肌 .... □
油性肌 .... □
混合肌 .... ☑
敏感肌 .... □
痘痘肌 .... □
抗老化 .... □
舒緩異位性皮膚炎
.... □
兒童用 .... □

材料（110g＊4 個）

基礎油（蛋糕）
椰子油 75g
棕櫚油 75g
橄欖油 150g

精油（蛋糕）
甜橙精油 4mL
山雞椒精油 4mL

基礎油（鮮奶油）
椰子油 30g
棕櫚油 30g
橄欖油 60g

鹼液（蛋糕）
氫氧化鈉 44g
純水（30％）
　90mL

南瓜小皂（4 個）
白色皂基 20g
南瓜粉 適量
（製作方法請見 P.141）

鹼液（鮮奶油）
氫氧化鈉 18g
純水（32％）
　38mL

色澤添加物（蛋糕）
南瓜粉 2g
黃色雲母粉 少許
橘色雲母粉 少許
二氧化鈦（液態）
　適量

**色澤添加物
（鮮奶油）**
二氧化鈦（液
態）適量

… 設計草圖

● 橘色皂液（蛋糕） 280mL
⋯ 皂液 280mL、南瓜粉 2g、
　黃色雲母粉＆橘色雲母粉 少許

● 乳白皂液（蛋糕） 100mL
⋯ 皂液 100mL、二氧化鈦（液態）適量

● 乳白皂液（鮮奶油） 120mL
⋯ 皂液 120mL、二氧化鈦（液態）適量

1 取燒杯及電子秤，量好基礎油用量後隔水加熱至融化。

2 將氫氧化鈉加入純水中製成鹼液後，靜置降溫。

3 確認基礎油及鹼液的溫度皆為40～45℃後，相加混合。

4 輪流用矽膠刮刀跟調理棒攪拌皂液至 trace 狀態（Trace，p.39）。

5 完成 trace 後，加入精油攪拌。

6 依據設計草圖分成兩組皂液，各自加入色澤添加物調色。

7 依橘色皂液、白色皂液、橘色皂液的
順序倒入圓形模具。

8 用矽膠刮刀整平表面，蓋上模具保溫
一天。

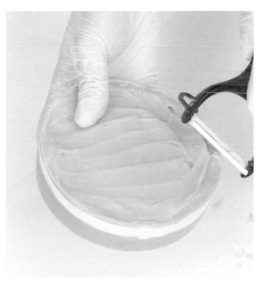

9 保溫結束後，使用削皮器修整蛋糕邊
緣。

tip

製作南瓜手工皂

1. 一個南瓜手工皂需要 5g
   的白色皂基。
2. 皂基以微波爐微波（或隔
   水加熱）後加人南瓜粉，
   調到喜歡的顏色。
3. 一點一點倒入純水，拌勻
   成團。
4. 將肥皂團捏成圓形。
5. 用牙籤在圓形四周劃出南
   瓜的表層紋路。
6. 乾燥熟成至少兩小時後即
   可使用。

10 按照步驟 1～步驟 4 製作皂液。

11 在皂液中加入二氧化鈦調色。

12 用矽膠刮刀將乳白皂液塗抹在蛋糕的表面和周圍。

13 用切皂刀輕輕標記切線。

14 將剩餘的乳白皂液裝入有星型花嘴的擠花袋，並在最上層擠出奶油擠花。

保溫修飾

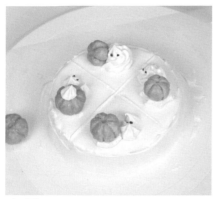

15 放上南瓜造型手工皂裝飾。

16 保溫一天後,用削皮器修整手工皂邊緣。

切皂熟成

17 按需求大小切割後,置於通風良好的地方,待 4～6 週晾乾熟成。

紅絲絨杯子蛋糕皂

只要有杯子蛋糕模具跟擠花袋就能完成的杯子蛋糕手工皂，看起來幸福又甜蜜。
利用不同顏色、形狀的蛋糕、奶油和配料，就能做出各式各樣的杯子蛋糕手工皂，
簡單包裝就精緻又可愛，非常適合送給家人朋友！

Skin type

乾性肌 .... ☐

油性肌 .... ☐

混合肌 .... ☑

敏感肌 .... ☐

痘痘肌 .... ☐

抗老化 .... ☐

舒緩異位性皮膚炎

.... ☐

兒童用 .... ☐

材料（100g＊8 個）

基礎油
椰子油 100g
棕櫚油 100g
橄欖油 200g
甜杏仁油 100g

鹼液
氫氧化鈉 73g
純水（30％）150mL

精油
甜橙精油 10mL
玫瑰天竺葵精油 10mL

色澤添加物
紅色雲母粉 3g
二氧化鈦（液態） 適量

草莓手工皂
白色皂基 100g
紅色食用色素 少許

··· 設計草圖

● 紅色皂液 700mL
   ···⟶ 皂液 700mL、紅色雲母粉 3g

● 淡粉色皂液 450mL
   ···⟶ 紅色皂液 450mL、二氧化鈦（液態）適量

● 草莓手工皂 6 個

製作草莓手工皂

1 將皂基切丁後隔水加熱融化。

2 在融化的皂基中加入紅色食用色素拌勻，完成紅色皂液。

3 將紅色皂液倒入模具中。

製作皂液

4 乾燥三小時後即可使用。

5 取燒杯及電子秤，量好基礎油用量後隔水加熱至融化。

6 將氫氧化鈉加入純水中製成鹼液後，靜置降溫。

7 確認基礎油及鹼液的溫度皆為 40～45℃ 後，相加混合。

8 輪流用矽膠刮刀跟調理棒攪拌皂液至 trace 狀態（Trace，p.39）。

9 完成 trace 後，加入精油攪拌。

放入添加物、入模

10 把紅色雲母粉加一點水拌開，倒入皂液中做成紅色皂液。

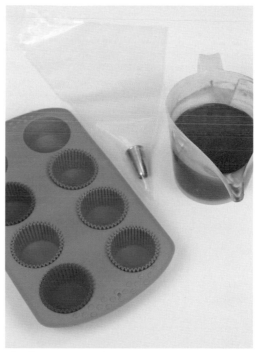

11 在瑪芬蛋糕烤模中，放入矽膠杯子蛋糕模具。

12 倒入紅色皂液（大約會用掉一半）。

13 在剩下的紅色皂液中加入二氧化鈦，調製出粉紅色皂液後放入擠花袋，在模具上擠出奶油霜的造型。

14 放上草莓手工皂。

tip

此處使用的是星型花嘴，也可以依自己喜好換成其他種。擠鮮奶油時，要先在中心點適量擠壓後再開始由外向內繞圈，避免中心鮮奶油量不足而產生塌陷。

保溫

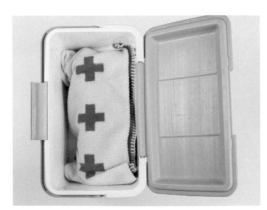

15 蓋上模具的蓋子，保存在約 30℃ 的環境中一天左右（保溫，p.38）。

熟成

16 將手工皂從模具中取出，置於通風良好的地方，待 4～6 週乾燥熟成後密封保存。

溫馨聖誕皂

聖誕樹頂覆滿白雪的模樣，十分具有耶誕的溫馨氣氛！在製作過程，會使用到擠花袋，以及利用吸管（或舊衣架）的全新渲染技法，熟悉後可以靈活變化聖誕樹跟雪球的色彩和形狀，打造出專屬於你的歡樂聖誕。

Skin type

乾性肌 .... ☐
油性肌 .... ☐
混合肌 .... ☑
敏感肌 .... ☑
痘痘肌 .... ☑
抗老化 .... ☐
舒緩異位性皮膚炎
.... ☐
兒童用 .... ☐

材料

基礎油
椰子油 150g
棕櫚油 150g
橄欖油 300g
葡萄籽油 100g
葵花籽油 100g

鹼液
氫氧化鈉 114g
純水（30%） 225mL

精油
玫瑰天竺葵精油 10mL
薰衣草精油 10mL

色澤添加物
紅色雲母粉 3g
綠球藻粉 2g
綠色雲母粉 1g
粉紅色雲母粉 少許
木炭粉 適量
二氧化鈦（液態） 適量

其他
吸管或是舊衣架

… 設計草圖

● 淡粉色皂液 200mL
　⤷ 皂液 200mL、粉紅色雲母粉 少許、
　　二氧化鈦（液態）適量

● 草綠色皂液 200mL
　⤷ 皂液 200mL、綠色雲母粉 1g

● 深綠色皂液 150mL
　⤷ 皂液 150mL、綠球藻粉 2g、木炭粉 適量

● 紅色皂液 450mL
　⤷ 皂液 450mL、紅色雲母粉 3g

製作皂液

1 取燒杯及電子秤，量好基礎油用量後隔水加熱至融化。

2 將氫氧化鈉加入純水中製成鹼液，靜置降溫。

3 確認基礎油及鹼液的溫度皆為 40〜45℃後，相加混合。

4 輪流用矽膠刮刀跟調理棒攪拌皂液至 trace 狀態（Trace，p.39）。

放入添加物、入模

5 完成 trace 後，加入精油攪拌。

6 依據設計草圖將皂液分成四組，加入色澤添加物調色。

7 保留約 50mL 的淡粉色皂液,其餘都
倒入模具中。

8 步驟 7 中保留的淡粉色皂液稍微凝固
後,捏成一顆一顆的小雪球。

9 將草綠色皂液跟深綠色皂液裝入擠花
袋中備用。

tip

將保留的淡粉色皂液放入保
溫箱中,等皂液凝固到像黏
土般的狀態,就可以製作圓
形雪球了。

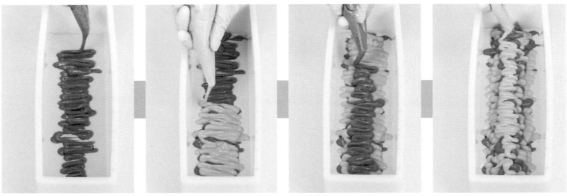

10 取深綠色皂液跟草綠色皂液(需留下一部分做步驟 17 的造型),左右拉線輪流擠入模具。

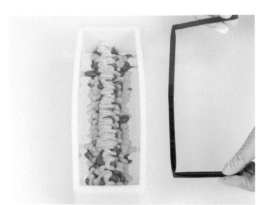

11 配合模具的長度，將吸管或舊衣架
折成「匚」字形。

12 將吸管長邊放入模具一側，從底部
移動到聖誕樹（綠色皂液）正下方
再垂直往上拉起。

13 輕輕鋪上一部分雪球手工皂。

14 把剩下的雪球手工皂放入紅色皂液
中輕輕攪拌。

15 將紅色皂液裝入擠花袋中，從模具兩側擠入皂液。

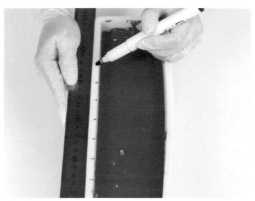

16 在模具側邊標記 2.5 公分的間隔。

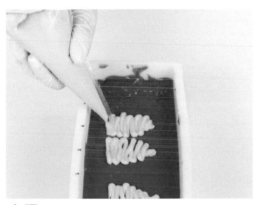

17 以標記點為中心，用草綠色皂液畫出聖誕樹造型。

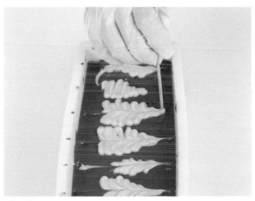

18 取細竹籤從聖誕樹中央劃一條線。

保溫

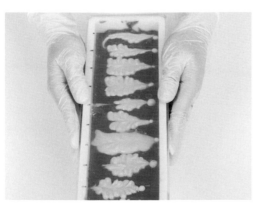

19 蓋上模具的蓋子，保存在約 30℃ 的環境中一天左右（保溫，p.38）。

切皂熟成

20 脫模後，按需求大小切割，置於通風良好的地方 4 ～ 6 週晾乾熟成。

PART 4

透明感再製皂

這是利用皂基製作的天然手工皂，簡化了自製皂液的步驟，只要在融化的皂基中加入喜愛的香味與色澤添加物，等待皂基凝固後就完成了，十分推薦給初學者。另外，熱製再製皂的特點是可以做出透明感的藥草手工皂，相當適合喜愛植萃氣氛的你。

簡單好上手的熱製法再製皂

一起用皂基來輕鬆做出天然手工皂吧！「熱製法」指的是將皂基加熱融化，再加入所需的色澤、香味添加物，接著放置凝固的手工皂製作技巧，是不是非常簡單呢！希望在熱製手工皂裡增添保濕成分或植物油也沒問題，完成後的潤澤保水度可不會輸給冷製皂喔。

熱製法再製皂的材料

熱製法使用皂基製成，只要再加入甘油、玻尿酸或蜂蜜等成分，就能提升保濕效果。雖然也能選用各式添加物，但注意不要超過建議量，否則容易出現軟爛，或是不易起泡的問題。

保濕成分
甘油、玻尿酸、蜂蜜等，
使用量為皂基的 1～2%

植物油
甜杏仁油、荷荷芭油、
橄欖油、山茶花油等，
使用量為皂基的 1～2%

皂基

精油、香精油
臉部用：使用量
為皂基的 1%
身體用：使用量
為皂基的 3%

萃取物
魚腥草、綠茶等，
使用量為皂基的
1～2%

色澤添加物
南瓜、草莓、紅甜椒等，
使用量為皂基的 1～2%

使用前先瞭解

- 皂基量建議多抓 20～30g 的損耗量，避免過程中皂液不足。
- 若有 70% 左右的皂基融化了，就可以關火用餘溫融化剩下的 30%。
- 要融化的皂基量在 200g 以下時，請使用微波爐，為避免皂液溢出，請以 10 秒為單位分次加熱。
- 濕度偏高時，手工皂表層可能會出現水珠，請使用保鮮膜或密封袋保存。
- 製作手工皂時，加入 1～2% 的純水，可防止表面結成水珠的現象。
- 請在手工皂褪色或香氣消散之前使用，建議期限為一年。

熱製法再製皂的流程

1 融化皂基
為了均勻受熱，將皂基切小丁後隔水加熱。

2 準備添加物
利用融化皂基的時間，量測甘油、植物油與天然粉末用量並混勻。

3 將皂基與添加物混合
將步驟 2 的添加物加到已經融化的皂基中。

4 增添香味
當皂液表層產生薄膜，就可以放入精油攪拌，完成皂液。

5 消毒模具
在待用的模具內噴灑酒精消毒。

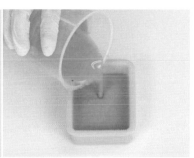

6 倒入皂液
把皂液倒入模具中。

7 消除氣泡
在皂液表層噴灑酒精來消除氣泡。

8 熟成保存
乾燥至少三小時後即可使用，建議將完成的手工皂密封保存。

乾燥花草本皂

這是最具代表性的熱製法再製皂配方，只要融化透明皂基後再放入乾燥花或其他乾燥植物，就能為手工皂帶來清新的草本氣息。左圖使用的是金盞花，也可以放入不同形狀的花瓣，打造出獨特的色系和樣貌。

材料（100g＊4 個）

皂液
透明皂基 420g
甘油 4g
山茶花油 4g

精油
玫瑰天竺葵精油 4mL

其他添加物
乾燥花 適量
酒精 適量

··· 設計草圖

● 皂液 400mL
　··▸ 透明皂基 400g

乾燥花 適量

製作皂液

1 將透明皂基切丁後隔水加熱，約融化70％後關火，用餘溫融化剩下的皂基完成皂液。

2 取量杯與喜歡的乾燥花備用。

3 在皂液中加入甘油、山茶花油與精油拌勻。

4 將完成的皂液分成四等份，並分別加入準備好的乾燥藥草。

tip

若皂液的溫度比較高，放入乾燥花後，皂液或乾燥花有可能會變色，但並不會影響成皂後的品質，可以安心使用。

入模

5 用酒精消毒模具。

6 將混合乾燥藥草的皂液倒入模具。

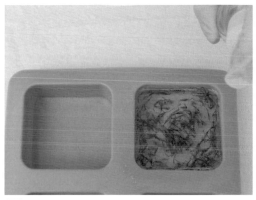

7 在皂液表層噴一點酒精消除氣泡。

8 皂液凝固前,可以用木棒調整乾燥花
至埋想的位置。

熟成

9 放置乾燥兩小時即完成,手工皂脫模
後建議密封保存。

金盞花雙層皂

這款手工皂的雙層外型，一直是很受喜愛的人氣款。光擺放在浴室裡就能成為亮點裝飾，作法也相當簡單。只要將皂基融化後，依喜好加入花瓣、香草、藥草等乾燥植物就幾乎完成了，非常適合初學者。

材料（100g＊9個）

皂液
白色皂基 520g
透明皂基 520g
荷荷芭油 10g
甘油 10g

精油
甜橙精油 4mL
薰衣草精油 6mL

色澤添加物
南瓜粉 5g

其他添加物
乾燥金盞花 適量
酒精 適量

⋯ 設計草圖

● 黃色皂液 520mL
⋯ 白色皂基 500g、南瓜粉 5g

透明皂液 520mL
⋯ 透明皂基 500g

🍃 乾燥金盞花 適量

製作黃色皂液

1 將白色皂基切丁後隔水加熱，約融化 70％後關火，用餘溫融化剩下的皂基，完成皂液。

2 將備好的南瓜粉、荷荷芭油 5g 跟甘油 5g 混合拌勻。

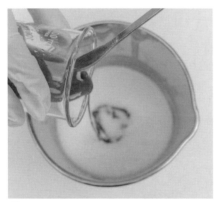

3 在白色皂液中倒入步驟 2，並均勻攪拌。

4 當皂液表層產生薄膜時，放入甜橙精油 2mL、薰衣草精油 3mL 拌勻。

5 在模具下墊模具蓋，使模具稍微傾斜，並用酒精消毒。

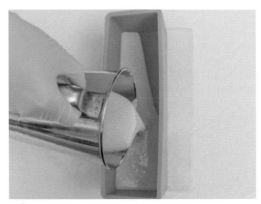

6 在模具中倒入步驟 4 的皂液。

7 在皂液的表層噴一點酒精，消除氣泡。

8 將透明皂基切丁後隔水加熱，約融化70％後關火，用餘溫融化剩下的皂基完成皂液。

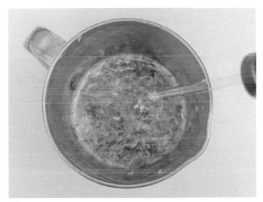

9 在透明皂液中，倒入金盞花與剩下的荷荷芭油、甘油及精油並拌勻。

10 當南瓜皂液大概凝固七成後，讓透明皂液順著矽膠刮刀流入模具。

切皂熟成

11 放置乾燥兩小時即完成，按需求大小切塊後，將手工皂密封保存。

tip

若等到底層的皂液完全凝固才倒入上層的皂液，很可能會無法融合成一塊。請在底層皂液稍微凝固、還保有熱度時噴點酒精加強黏著性，倒入上層皂液。

純淨薄荷暈染皂

我們在配方中選用了薄荷的結晶體——薄荷腦，為手工皂整體增加乾淨又清涼的感覺。另外還添加清爽的薄荷與尤加利精油作為香氛，製作出適合大熱天的消暑手工皂。按照肌膚類型調整薄荷腦的用量，約為皂液的 2～4％即可。

材料（100g＊4個）

皂液
透明皂基 440g
甘油 4g
酪梨油 4g

精油
薄荷精油 2mL
尤加利精油 2mL

色澤添加物
藍色食用色素 少許

其他添加物
薄荷腦 8g
酒精 適量

··· 設計草圖

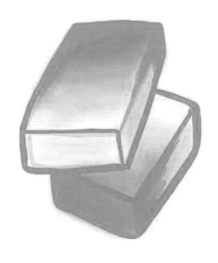

● 藍色皂液 200mL
··· 透明皂基 200g、藍色食用色素 少許

○ 透明皂液 200mL
··· 透明皂基 200g

 薄荷腦 8g

製作皂液

1 將透明皂基切丁後隔水加熱，融化成皂液。

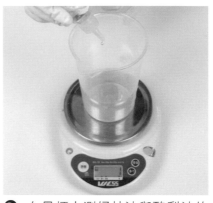

2 在量杯中測好甘油與酪梨油的用量。

3 將皂液倒入步驟 2 的量杯。

4 按設計草圖將皂液分成兩等份。在其中一份中一點一點加入食用色素，調出想要的顏色。食用色素的染色力強，建議每次倒一點在湯匙上慢慢調整。

5 在調色後的皂液中倒入薄荷精油 1g 與尤加利精油 1g。

6 在步驟 5 中倒入 4g 的薄荷腦並輕輕攪拌。

7 將剩下的精油與薄荷腦，倒入另一份皂液中。

8 用酒精消毒模具。

9 從模具兩側同時倒入藍色皂液與透明皂液。維持量杯穩定、慢慢倒入，避免兩種顏色混合。

tip

· 如果皂液超過 60℃，倒入模具時皂液容易混合，請特別留意。
· 在皂液表面完全凝固之前，儘量不要移動模具，避免產生皺褶。
· 建議手工皂要密封保存，避免薄荷腦成分揮發。

熟成

10 在皂液上噴點酒精，消除表面氣泡。

11 放置乾燥兩小時即完成，建議將手工皂密封保存。

孔雀寶石皂

這種礦石設計的手工皂很推薦作為誕生石送給家人或朋友，好比寶石一般的造型，是相當別緻的禮物。依據不同的皂基與色澤添加物，可以製作出千變萬化的礦石手工皂，作法也相當簡單，一起來試看看吧！

材料（100g＊9個）

皂液
白色皂基 120g
透明皂基 920g
甘油 10g
荷荷芭油 10g

精油
花梨木精油 10mL

色澤添加物
粉紅色食用色素 少許
黃色食用色素 少許
薄荷色食用色素 少許

其他添加物
酒精 適量
紙杯 5 個

··· 設計草圖

白色皂液 100mL
···▶ 白色皂基 100g、荷荷芭油＆甘油＆花梨木精油各 1g

透明皂液 100mL
···▶ 透明皂基 100g、荷荷芭油＆甘油＆花梨木精油各 1g

透粉色皂液 200mL
···▶ 透明皂基 200g、荷荷芭油＆甘油＆花梨木精油各 2g、
粉色食用色素 少許

透黃色皂液 100mL
···▶ 透明皂基 100g、荷荷芭油＆甘油＆花梨木精油各 1g、
黃色食用色素 少許

薄荷色皂液 500mL
···▶ 透明皂基 500g、荷荷芭油＆甘油＆花梨木精油各 5g、
薄荷色食用色素 少許

製作皂液

1 將透明皂基及白色皂基切丁後各自隔水加熱，約融化 70％後關火，用餘溫融化剩下的皂基，完成皂液。

2 依設計草圖分成五組皂液，並各自加入荷荷芭油、甘油、精油與食用色素。

入模

3 將薄荷色皂液倒入五個紙杯中。

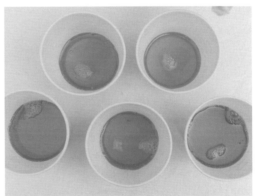

4 在皂液表層噴一點酒精，消除氣泡。

5 在薄荷色皂液還有餘溫完全凝固前，按設計圖倒入下一個顏色的皂液。

tip

· 食用色素相當顯色，一失手顏色就會太重，請使用牙籤或湯匙，一點一點加入皂液中調色。

· 步驟 9 切下的邊塊可裝入網袋中使用，妥善利用絲毫不浪費。

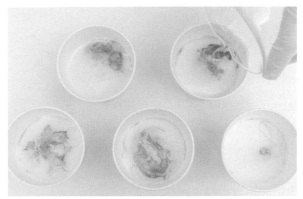

6 其餘皂液也依設計圖順序倒入杯中。

7 取扁木條或相似的東西墊在紙杯下，使紙杯稍微傾斜，可以製造出自然的大理石花紋。

8 待手工皂完全乾燥後，從紙杯中取出。

修整形狀

9 將手工皂大片大片地切出斜面，減少平滑曲線、保留稜角，讓手工皂呈現礦石的模樣。

保存

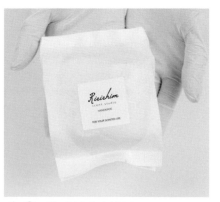

10 將成品密封保存。

絲瓜絡花草皂

一起來用天然絲瓜絡做出獨特的手工皂吧，絲瓜絡不但能讓泡沫變得更豐盈，也具備了天然去角質的效果，加入自己喜愛的乾燥花草，打造自然又療癒的氛圍。

材料（150g＊3 個）

皂液
透明皂基 470g
蜂蜜 5g
山茶花油 5g

精油
玫瑰天竺葵精油 5mL

其他添加物
絲瓜絡 3 個
乾燥花草 適量
酒精 適量

其他
麻繩 適量

··· 設計草圖

透明皂液 470mL
···▸ 透明皂基 470g、乾燥花草 適量

絲瓜絡 3 個

準備絲瓜絡

1 將絲瓜絡切成適當大小放入模具。

製作皂液

2 把皂基切丁，隔水加熱至融化。

3 在融化的皂基中加入蜂蜜、山茶花油並拌勻為皂液。

4 當皂液的溫度降到 50℃ 左右，放入精油與乾燥花草並攪拌。

入模

5 在放有絲瓜絡的模具中噴灑酒精。

tip

將絲瓜絡先以酒精打濕，比較方便調整大小。

6 將步驟 4 完成的皂液倒入模具。

7 在皂液上噴一點酒精，消除氣泡。

穿繩

8 待手工皂完全凝固後，從模具中取出，並從絲瓜絡穿上麻繩。

保存

9 將完成的手工皂密封保存。

紅色大理石紋皂

使用透明皂基可以渲染出不同於冷製皂的大理石紋路，彷彿天然石紋般精緻的質感，讓人愛不釋手！即便使用同樣顏色，每個人做出來的樣貌也會完全不同，很適合和家人朋友一起嘗試！

材料（100g＊5 個）

皂液
透明皂基 320g
白色皂基 220g
甘油 5g
乳油木果油 5g

精油
花梨木精油 5mL

色澤添加物
天藍色食用色素 少許
粉色食用色素 少許
紅色食用色素 少許

其他添加物
酒精 適量

⋯ 設計草圖

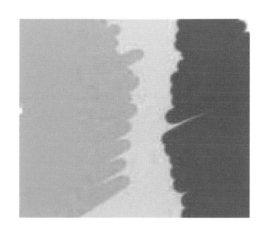

○ 天藍色皂液 100mL
⋯▸ 白色皂基 100g、天藍色食用色素 少許、
乳油木果油＆甘油＆花梨木精油各 1g

● 粉紅色皂液 100mL
⋯▸ 白色皂基 100g、粉紅色食用色素 少許、
乳油木果油＆甘油＆花梨木精油各 1g

● 紅色皂液 300mL
⋯▸ 透明皂基 300g、紅色食用色素 少許、
乳油木果油＆甘油＆花梨木精油各 3g

製作皂液

1 把透明及白色皂基切丁後各自融化。約融化 **70**% 後關火，用餘溫融化剩下的皂基，完成皂液。

2 依據設計草圖分成三組皂液，加入乳油木果油、甘油與食用色素和精油攪拌均勻。

> ## tip
>
> ・乳霜類的油脂不需要另外加熱，可以直接放入融化的皂液中，利用餘溫融合。
>
> ・同時使用透明跟白色的皂基，才能做出對比明顯的大理石渲染效果。

入模

3 用酒精消毒模具。

4 將一半的紅色皂液倒入模具。

5 取粉紅色皂液，左右晃動倒入模具。

6 以同樣方式將天藍色皂液倒入模具。

7 倒皂液的過程，不時在表面噴灑酒精消除氣泡。

8 倒入剩餘的紅色皂液。

切皂熟成

9 等待至少兩小時讓手工皂凝固後，按需求人小切割。

保存

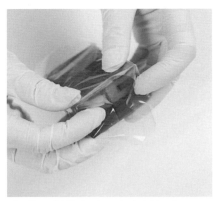
10 建議將手工皂密封保存。

三層布丁模具皂

從美味甜點到可愛動物造型，一起利用造型模具做出各式各樣的熱製皂吧！每個造型都可以自己搭配喜愛的色彩與精油香氛，不僅很適合當小禮物送人，還可以當成妝點室內空間的小物。

材料（60g＊4個）

皂液
白色皂基 260g
甘油 3g
荷荷芭油 3g

精油
柑橘精油 3mL

色澤添加物
黃色食用色素 少許
粉紅色食用色素 少許

其他添加物
酒精 適量

其他
布丁造型模具 4 個

⋯ 設計草圖

⬤ 黃色皂液 80mL
　⋯▶ 白色皂基 80g、黃色食用色素 少許、
　　荷荷芭精油＆甘油＆柑橘精油各 1g

⬤ 粉紅色皂液 80mL
　⋯▶ 白色皂基 80g、粉紅色食用色素 少許、
　　荷荷芭精油＆甘油＆柑橘精油各 1g

◯ 白色皂液 80mL
　⋯▶ 白色皂基 80g、荷荷芭精油＆甘油＆柑橘精油各 1g

融化皂基

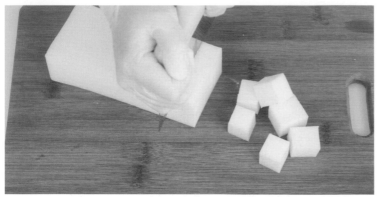

1 白色皂基切丁後隔水加熱，約融化 70% 後關火，用餘溫融化剩下的皂基，完成皂液。

調色入模

2 依據設計草圖準備黃色皂液所需皂液量，並倒入荷荷芭精油、甘油、柑橘精油和食用色素調色。

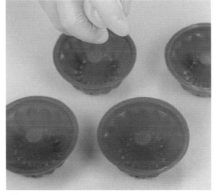

3 用酒精消毒模具。

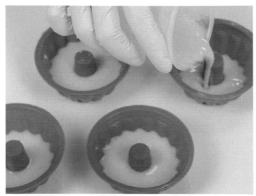

4 將黃色皂液平均倒入四個模具中。

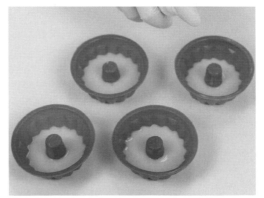

5 在皂液表層噴酒精，消除氣泡。

6 依據設計草圖準備粉紅色皂液所需皂液量，並倒入荷荷芭精油、甘油、柑橘精油和食用色素調色。

7 待黃色皂液稍微凝固後，倒入粉紅色皂液。

8 在皂液表層噴酒精，消除氣泡。

9 在白色皂液中，依據設計草圖用量倒入甘油、荷荷芭精油跟柑橘精油。

10 待粉紅色皂液稍微凝後，倒入白色皂液。

熟成

11 在皂液表層噴酒精，消除氣泡。

12 放置乾燥兩小時，讓手工皂凝固後脫模。

13 建議將手工皂密封保存。

tip

由於熱製法的皂液溫度偏高，因此添加物最好在入模前再加入皂液中，避免高溫降低功效。尤其是不耐熱的精油，盡可能等皂液降溫後再放入，以免香氣快速消散。

魔幻彎月海洋皂

這款手工皂使用透明皂基打造出蔚藍海洋與月亮，造型十分獨特。選用的色澤添加物「青黛粉」跟「核桃殼粉」具有天然去角質的效果，能夠提升手工皂清潔保養的美肌功效。

材料

皂液
白色皂基 880g
透明皂基 170g
甘油 10g
綠茶籽油 10g

精油
尤加利精油 4mL

色澤添加物
青黛粉 1.5g
核桃殼粉 1.5g

皂中皂材料
透明皂基 90g
甘油 1g
紫色食用色素 少許
月亮形管模

其他添加物
酒精 適量

… 設計草圖

● 褐色皂液 150mL
　┈▸ 白色皂基 150g、綠茶籽油＆甘油＆
　　　尤加利精油＆核桃殼粉 各1.5g

● 藍色皂液 150mL
　┈▸ 透明皂基 170g、綠茶籽油＆甘油＆
　　　尤加利精油＆青黛粉 各1.5g

● 白色皂液 700mL
　┈▸ 白色皂基 700g、綠茶籽油＆甘油＆
　　　尤加利精油 各7g

🌙 月亮形皂中皂
　┈▸ 透明皂基 90g、紫色食用色素 少許

製作皂中皂

1 將皂中皂材料的透明皂基隔水加熱至融化，接著放入紫色食用色素調色。

2 加入甘油並均勻攪拌。

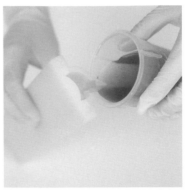

3 倒入月亮形管模中，等至少兩小時，凝固後脫膜。

製作皂液

4 將白色及透明皂基切丁後各自隔水加熱，約融化 70％後關火，用餘溫融化剩下的皂基，完成皂液。

5 依據設計草圖製作褐色皂液。

tip

步驟 1 調色時，請利用牙籤挖取食用色素，每次極少量，慢慢加到想要的調整顏色。

入模

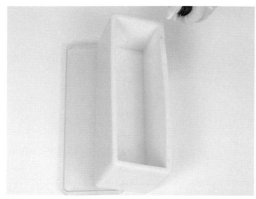

6 把模具蓋墊在模具底下使模具傾斜，並在噴酒精消毒。

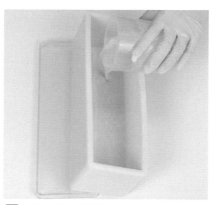

7 倒入褐色皂液。

8 在表面噴一點酒精消除氣泡。

9 依據設計草圖製作藍色皂液。

10 待褐色皂液約凝固七成後，倒入藍色皂液，並噴一點酒精消除氣泡。

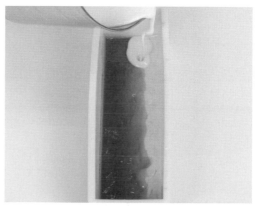

11 待藍色皂液約凝固七成後，倒入四分之一的白色皂液。

12 將脫模後的月亮皂中皂，切成符合模具的長度。

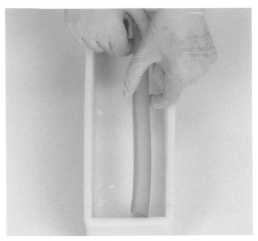

13 輕輕按壓白色皂液的表層，已經稍微凝固後，就放入月亮皂中皂。

熟成

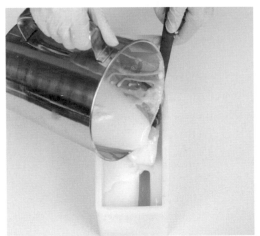

14 待月亮皂中皂跟白色皂液大致凝固後，倒入剩下的白色皂液。

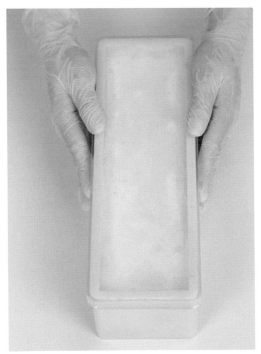

15 在皂液表層噴一點酒精消除氣泡，並蓋上模具蓋，靜置到凝固乾燥。

放入皂中皂前，要確定白色皂液的表層稍微凝固，讓月亮皂中皂浸入約一半的高度即可，不要全部沉入白色皂液中。

PART 5

療癒感入浴劑

在這個章節中，要教大家用簡單又平價的方式，把喜歡的植萃香氣做成入浴劑。疲憊時來一場舒適的香氛浴，讓身心徹底舒暢療癒！

洗去一整天疲勞的天然入浴劑

入浴劑可說是舒暢疲勞身心的好幫手，正因如此，我們更應該試看自己動手做成分天然的植萃泡澡沐浴品！比市售更平價，製作方法也相當簡單。只需要準備材料後混合，利用模具塑形就完成了。最重要的是，可以在配方中選用自己喜愛的香氛和色澤。成品漂亮，造型更是獨一無二，用自己製作的入浴劑泡澡，療癒效果加倍！

入浴劑的種類

・沐浴氣泡彈（Bath Bomb）

氣泡彈是溶於水後會冒出大量泡泡的碳酸型入浴劑。使用碳酸氫鈉、玉米粉等粉狀材料，加水揉成團後放入模具壓製而成。氣泡彈不只有滋潤柔嫩肌膚的效果，還能消解疲勞與失眠、緩解神經痛與身體不適。

＊推薦用量（以 200 公升浴缸為標準）
　全身浴 100g ／半身浴 70g ／足浴 30g 以上

・浴鹽（Bath Salt）

這是一種以鹽巴為主體，增添色澤與香氛的入浴劑。鹽分中所含有的礦物質能促進血液循環，幫助排出老廢物質。以手取適量浴鹽，在已經沾濕的肌膚上溫和地按摩，也可以當成天然去角質霜來使用。

＊推薦用量（以 200 公升浴缸為標準）
　全身浴、半身浴 40g ／足浴 10g 以上

・泡泡浴芭（Bubble Bar）

泡泡浴芭具有豐盈的泡沫。將泡泡浴芭放到裝滿水的浴缸後，會因為水壓開始溶化，同時泡泡會在表面形成一層水膜，在泡澡的過程讓水溫維持得更久。

＊推薦用量（以 200 公升浴缸為標準）100g 以上

入浴劑的基本製作流程（氣泡彈 & 泡泡浴芭）

1 混合粉狀材料
把色澤添加物以外的粉狀材料量測好後，使用矽膠刮刀輕輕拌勻。

2 混合液體材料
量測好所有液態材料，並倒入量杯中混合。

3 混合粉狀與液體材料
把液態材料倒入粉狀材料內均勻混合。

4 調色
倒入天然粉末或食用色素等色澤添加物，混合調色。

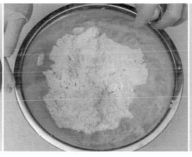

5 調整黏度
把金縷梅水裝入噴霧瓶內，分多次噴灑，調整黏度。

6 入模
將兩邊模具都裝滿到稍微超量，然後合上模具。

7 脫模
用指尖輕敲模具外殼，讓入浴劑從模具分離。

8 取下模具
小心將兩邊模具輪流取下。

9 熟成
放置乾燥約三小時後即可使用，建議將做好的入浴劑密封保存。

入浴劑的必備材料（氣泡彈 & 荷荷浴芭）

除了使用海鹽製作的浴鹽以外，氣炮彈、荷荷浴芭這種泡澡錠中都含有溫和的界面活性劑、酸度調節劑及乳化劑，可以達到洗淨髒污與黏膩油脂的效果，再加上具有功效的天然精油等添加物，香氣和洗淨效果都更加舒適。一起來瞭解如何讓各種材料完美發揮作用，做出淨化身心的絕佳入浴劑吧。

酸度調節劑

小蘇打（碳酸氫鈉）｜小蘇打屬於鹼性物質，與酸性的檸檬酸結合後能溶解皮膚上的髒污和油脂，同時調和入浴劑的酸度。此外，小蘇打反應後產生的二氧化碳也可以促進血液循環。

檸檬酸｜檸檬酸萃取自柑橘類，加到入浴劑能中和酸鹼值。水被弱酸化後，可以去除細菌、溶解角質，打造出光滑肌膚。

酸類混合物（acid blend）｜混合了檸檬酸、酒石酸與蘋果酸等有機酸粉，扮演著調和入浴劑酸度，使中和反應穩定進行的角色。主要用於製作泡泡浴芭。

界面活性劑

月桂醇磺基乙酸酯鈉（SLSA）｜這種粉狀界面活性劑萃取自椰子油或棕櫚油，與其他界面活性劑相比之下刺激較小，常用於沐浴品。具有提高清潔力、產生綿密泡沫的功能。

椰子油甜菜鹼（CAPB）｜這是一種萃取自椰子油的天然界面活性劑，能滋養出柔嫩肌膚，提高清潔力。跟其他天然界面活性劑相比，更能產生豐盈的泡沫，因此被廣泛使用。

乳化劑

橄欖乳化劑（Olive Liquid）｜取自橄欖油的天然乳化劑，能充分幫助融合油分跟水分。

利用多樣化的模具製作

雖然用雙手就可以塑形，但使用不同款式的模具，能讓氣泡彈等入浴劑的設計更豐富！除了最常見的球形模具，還有花果跟動物等造型，多樣變化的外觀設計，不僅能讓泡澡的過程更療癒，也能當成獨特的禮物送給家人或好友。

玉米粉｜這是一種萃取自玉米的澱粉，可以在入浴劑中作為水溶性的增稠劑。不但有助於吸收老廢物質，還富含維他命 E，具有防止老化的效果。

植物油｜這種油萃取自植物的種籽或果肉，對肌膚的刺激性低，含有大量的不飽和脂肪酸，能打造出水潤肌膚。植物油也被稱為基礎油（Carrier oil）。

香味添加物｜分為精油與香精。香精氣味濃郁持久，雖然精油的香氣比較自然平淡，卻具有芳療功效，對肌膚刺激也比較低。

色澤添加物｜在入浴劑的配方中主要使用食用色素來調色。食用色素一點點就很顯色，添加時要小心用量，慢慢調出所需的顏色，通常每 100g 入浴劑只要 1～2 滴食用色素就足夠。

乾燥玫瑰氣泡彈

在特別的日子，就用粉紅玫瑰氣泡彈營造羅曼蒂克的氣氛吧。飄散在空氣中的淡淡玫瑰香氣，不但能舒緩緊張與壓力，同時還帶來浪漫的氛圍，相當適合戀人共浴使用。

材料（100g＊4個）

基底	精油	其他添加物
碳酸氫鈉 250g	玫瑰天竺葵精油 2mL	金縷梅水 適量
檸檬酸 120g	花梨木精油 2mL	乾燥花 適量
玉米粉 20g		
甜杏仁油 4mL	色澤添加物	
橄欖乳化劑 1mL	粉紅色食用色素 少許	

··· 設計草圖

● 白色粉末 200g
··· 基底 200g

● 粉紅色粉末 200g
··· 基底 200g、粉紅色食用色素 少許

🌿 乾燥花 適量

1 把碳酸氫鈉、檸檬酸跟玉米粉倒入不鏽鋼盆中，用矽膠刮刀均勻攪拌。

2 在步驟 1 中加入甜杏仁油、橄欖乳化劑與精油攪拌。

3 依據設計草圖分成兩份基底，其中一份加入色澤添加物調色。

4 在粉紅色粉末上噴灑金縷梅水，搓揉至用手捏一下打開不會散開的程度。

5 在白色粉末上噴灑金縷梅水，搓揉至用手捏成塊後不會散開的程度。

tip

如果放入過多乾燥花，或是花瓣太大片就不太容易成形，且花瓣可能難以黏著在氣泡彈上。

6 在模具中放入少許乾燥花。

7 將粉紅色粉末填裝至模具的 1/3。

8 在步驟 7 上堆白色粉末，然後再放上粉紅色粉末至滿出模具。另一半模具用同樣方法裝滿。

9 用力壓實模具到毫無縫隙，接著將模具合上。

熟成

10 用指尖輕敲模具外殼，使氣泡彈從模具完全分離，接著小心將兩半模具輪流拆下。

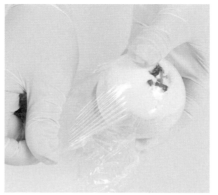

11 放置晾乾約三小時後即可使用。建議可將做好後密封保存。

清新海洋氣泡彈

一起來做讓人心曠神怡的海洋造型氣泡彈吧！放入小顆貝殼點綴，彷彿來到異國度假村的放鬆氣氛。尤加利精油與薄荷精油具有充滿魅力的清爽氛圍，加入氣泡彈中能幫助改善鼻炎不適，令人通體舒暢。

材料（100g＊4個）

基底
碳酸氫鈉 250g
檸檬酸 120g
玉米粉 20g
甜杏仁油 4mL
橄欖乳化劑 1mL

精油
尤加利精油 2mL
薄荷精油 2mL

色澤添加物
藍色食用色素 2 滴

其他添加物
金縷梅水 適量
小貝殼 適量

··· 設計草圖

● 藍色粉末 200g
··· 基底 200g、藍色食用色素 2 滴

白色粉末 200g
··· 基底 200g

小貝殼 適量

1 把碳酸氫鈉、檸檬酸跟玉米粉倒入不鏽鋼盆，用矽膠刮刀攪拌均勻。

2 在燒杯中測量甜杏仁油、橄欖乳化劑與精油用量並混勻。

3 將秤好的粉狀材料與液體材料均勻攪拌。

4 依據設計草圖分成兩份基底，其中一份加入色澤添加物調色。

5 少量噴灑金縷梅水，調整為適當黏度。

tip

如果調色或攪拌作業時間太長，粉狀材料會開始變乾。遇此情形可用金縷梅水噴個 1～2 次加溼。不過即便加噴了金縷梅水，基底也無法像一開始濕潤，因此請儘量在最短時間內完成作業。

入模

6 將藍色粉末跟白色粉末輪流裝入模具。

7 用力壓實模具到毫無縫隙後，接著再將模具用力合上。

8 用指尖輕敲模具外殼，使氣泡彈從模具完全分離。

9 小心將兩半模具輪流拆下。

熟成

 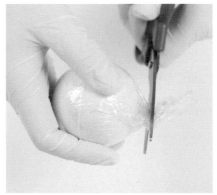

10 在氣泡彈完全凝固前，放上貝殼壓實。

11 放置晾乾約三小時後即可使用。建議做好後密封保存。

小旺來氣泡彈

想想看小朋友洗澡的時候，看到五花八門可愛泡澡錠會有多開心呢！只要有模具，不管是水果或動物等孩子喜歡的造型都能輕輕鬆鬆做出來。配方中再加入甜甜的果香，讓洗澡時間變得開心又有趣。

材料（150g＊2個）

基底
碳酸氫鈉 200g
檸檬酸 100g
玉米粉 10g
甜杏仁油 3mL
橄欖乳化劑 0.5mL

精油
檸檬精油 3mL

色澤添加物
黃色食用色素 2 滴
綠色食用色素 2 滴

其他添加物
金縷梅水 適量

··· 設計草圖

● 黃色粉末 120g
　··➤ 基底 120g、黃色食用色素 2 滴

● 草綠色粉末 180g
　··➤ 基底 180g、綠色食用色素 2 滴

製作基底

1 把碳酸氫鈉、檸檬酸跟玉米粉倒入不鏽鋼盆,用矽膠刮刀攪拌均勻。

2 在步驟 1 中加入甜杏仁油、橄欖乳化劑與檸檬精油後攪拌。

3 以雙手攪拌均勻。

4 依據設計草圖將基底分成兩份,分別加入食用色素調色。

5 少量噴灑金縷梅水,調整到適當黏度。

tip

食用色素非常顯色,請少量加入。建議每放入一滴就確認顏色是否合宜,再酌量調整,約 1～4 滴顏色就相當飽和了。

入模

6 取鳳梨造型的模具，並用黃色及草綠色粉末填滿模具。

7 利用刮板用力壓實粉末。

8 利用刮板刮除掉多餘的粉末。

9 利用刮板從上方再多按壓一次，將粉末確實壓緊。

熟成

10 用雙手仔細地整理邊緣形狀。

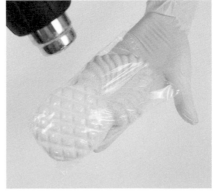

11 放置晾乾約三小時後即可使用。建議做好後密封保存。

提神薄荷足浴劑

沒有什麼可以比泡足浴更能讓疲勞的雙腳好好放鬆休息了，推薦這款加了薄荷的足浴劑，很適合在炎熱的夏天使用，裡頭的粗鹽也有清潔、殺菌的效果。為了因生活而疲憊煩惱的家人好友，做一款自家專用的足浴劑吧！

材料（120g＊10個）

基底
碳酸氫鈉 60g
檸檬酸 30g
玉米粉 30g
薄荷腦 2g

精油
綠薄荷精油 1mL
薄荷精油 1mL

色澤添加物
藍色食用色素 少許
淡綠色食用色素 少許

其他添加物
金縷梅水 適量
粗鹽 適量

··· 設計草圖

● 薄荷色粉末 120g
··→ 基底 120g、
藍色食用色素＆淡綠色食用色素少許

薄荷腦 2g

粗鹽 適量

製作基底

1 把碳酸氫鈉、檸檬酸跟玉米粉倒入不鏽鋼盆中。

2 在燒杯中量測精油用量。

3 將精油加熱至 30℃ 左右後放入薄荷腦。

4 充分攪拌至薄荷腦完全溶化。

5 在步驟 1 的粉狀材料中，加入已經混有薄荷腦的精油。

6 少量滴入食用色素，調出理想的顏色。

7 少量噴灑金縷梅水，調整到適當黏度。

入模

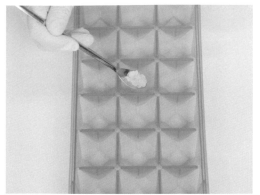

8 準備好模具並放入適量的鹽巴。

tip

如果鹽巴太粗或用量過多，容易和足浴劑分離。建議酌量使用，並選用大小適中的粗鹽。

9 用步驟 7 的粉末填滿模具。

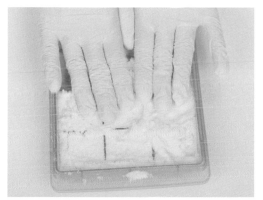

10 雙手用力按壓，使粉末緊密紮實地成團入模。

熟成

11 小心將模具翻面並取出足浴劑成品，放置乾燥至少三小時即可使用。

保存

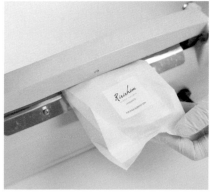

12 做好的足浴劑需密封保存。

薰衣草舒緩浴鹽

浴鹽能充分去除角質等老廢物質，促進血液循環並解除疲勞。在浴鹽配方中選用自己喜歡的精油香氛，不論是誰都能輕鬆完成。照著超簡單的製作方法，一起來享受放鬆舒緩的療效吧。

材料（200g）

死海鹽 200g

精油
迷迭香精油　1mL
薰衣草精油　1mL

色澤添加物
迷迭香粉　2g

其他添加物
酒精　適量
乾燥薰衣草　10g

··· 設計草圖

浴鹽　200g
··· 死海鹽 200g、迷迭香粉 2g

乾燥薰衣草　10g

製作浴鹽

1 將量測好用量的死海鹽，放入不鏽鋼盆中。

2 倒入量測好的迷迭香粉。

3 滴入迷迭香精油跟薰衣草精油。

4 用酒精噴灑 2～3 次至材料微濕潤。

5 用湯匙均勻攪拌，並讓酒精完全揮發。

6 放入乾燥薰衣草攪拌。

保存

7 裝入密封罐後置於陰涼處保存。

tip

· 建議在浴鹽的香氣消散前使用。

· 迷迭香粉也可以用具有絕佳保濕
效果的燕麥粉，或能有效緩解發
炎的魚腥草粉代替。

星月泡泡浴芭

在家就能輕鬆做出繽紛色彩的泡泡浴芭！只要混合好喜歡的顏色跟香氛，再揉捏成團，最後用喜愛的模具壓出來就完成了。搭配具有滋潤肌膚效果的天然油，享受一邊泡澡一邊洗出柔嫩肌膚的迷人感受。

材料（70g＊7個）

基底
碳酸氫鈉 250g
酸類混合物 100g
玉米粉 30g
SLSA 起泡粉 50g
甜杏仁油 20mL
椰子油甜菜鹼 50mL

精油
柑橘精油 5mL

色澤添加物
粉紅色食用色素 1 滴
藍色食用色素 1 滴

⋯ 設計草圖

● 粉紅色泡泡浴芭團 250g
　⋯ 泡泡浴芭團 250g、粉紅色食用色素 1 滴

● 薄荷色泡泡浴芭團 250g
　⋯ 泡泡浴芭團 250g、綠色食用色素 1 滴

1 把碳酸氫鈉、酸類混合物、玉米粉跟 SLSA 起泡粉裝入碗內並均勻攪拌。

2 將甜杏仁油、椰子油甜菜鹼裝到燒杯內量測。

3 將柑橘精油放入步驟 2 中並充分混勻。

4 將步驟 3 倒入粉狀材料的不鏽鋼盆中均勻攪拌成泡泡浴芭團。

5 依據設計草圖將泡泡浴芭團分兩份，並各自加入食用色素調色。

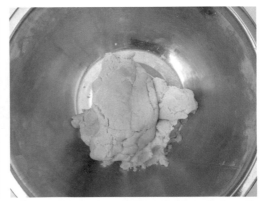

6 將兩塊泡泡浴芭團一起放入盆中，稍微揉成一團（不要混勻）。

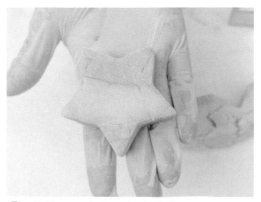

7 將泡泡浴芭團捏成高約 1.5 公分厚的片狀，用餅乾模具壓出造型。

8 修整一下泡泡浴芭的邊緣。

保存

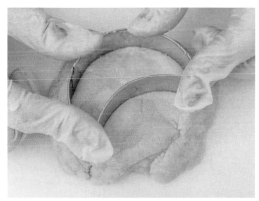

9 重複步驟 7，將剩餘的泡泡浴芭團壓出形狀，如果最後分量不夠用模具壓製，可以直接手捏成三角形或四角形。

10 放置乾燥約三小時後即可使用，建議密封保存。

tip

如果泡泡浴芭團偏黏，可以在餅乾模具上沾植物油或玉米粉再壓製。另外，若想讓泡泡浴芭的香味更濃郁，可以使用香精。

奇異果泡泡浴芭

帶著小朋友一起製作讓人愛不釋手的奇異果泡泡浴芭，為家中浴室注入清爽活力！在配方中添加清新的萊姆精油，可愛的模樣不只適合給小朋友沐浴時使用，也很適合作為送人的心意小禮。

材料（70g * 7 個）

基底
碳酸氫鈉 250g
酸類混合物 100g
玉米粉 30g
SLSA 起泡粉 50g
椰子油甜菜鹼 50mL
甜杏仁油 20mL

精油
萊姆精油 5mL

色澤添加物
咖啡色食用色素 少許
淡綠色食用色素 少許
黑色食用色素 少許

… 設計草圖

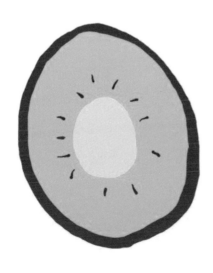

● 白色泡泡浴芭團 70g
　… 泡泡浴芭團 70g

● 淡綠色泡泡浴芭團 280g
　… 泡泡浴芭團 280g、淡綠色食用色素 少許

● 咖啡色泡泡浴芭團 140g
　… 泡泡浴芭團 140g、咖啡色食用色素 少許

∴ 黑色泡泡浴芭團 10g
　… 泡泡浴芭團 10g、黑色食用色素 少許

製作基底

1 把碳酸氫鈉、酸類混合物、玉米粉跟 SLSA 起泡粉裝入碗內，均勻攪拌。

2 在同一個燒杯中量測椰子油甜菜鹼、甜杏仁油跟萊姆精油後混勻。

3 將步驟 2 倒入步驟 1 拌勻。

4 依據設計草圖將粉末分成四份，各自少量加入食用色素調色後，拌勻成團。

塑形

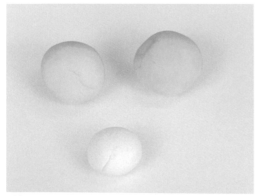

5 將一塊白色泡泡浴芭團跟兩塊淡綠色泡泡浴芭揉成圓球狀。

6 用大拇指將兩塊淡綠色泡泡浴芭團中間壓凹。

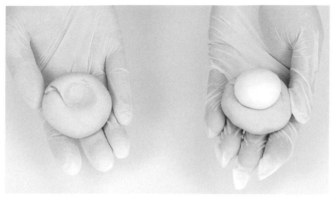

7 接著在其中一塊的凹槽中放入白色泡泡浴芭團。

8 將兩個淡綠色泡泡浴芭團合起來，做成一顆奇異果般的橢圓形。

9 仔細按壓，使接合處緊密結合。

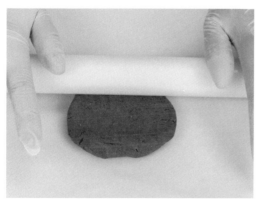

10 保留一小塊咖啡泡泡浴芭團作為奇異果籽，其餘用桿麵棍桿成 0.5 公分厚的片狀。

11 將咖啡色薄片放到步驟 9 的奇異果上後慢慢延展開來，直到完整包覆住奇異果。

12 輕輕按壓調整形狀，讓泡泡浴芭團紮實結合。

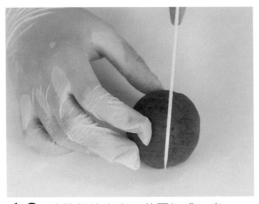

13 將做好的泡泡浴芭團切成一半。

tip

切泡泡浴芭時，刀子要像鋸東西一樣前後移動才能切得乾淨俐落。如果直接一刀切下，泡泡浴芭可能會產生裂痕。

熟成

14 將預留的咖啡色泡泡浴芭團搓成小顆的奇異果籽，放到切面上。

15 放置乾燥約三小時以後即可使用。建議做好後密封保存。

蛋糕捲泡泡浴芭

甜蜜蛋糕捲的模樣不僅討人喜歡，製作方法也很簡單，還可以選用不同顏色營造出多樣化的口味。隨著季節和個人喜好，製作出專屬於自己的泡泡浴芭吧！

材料（70g＊7個）

基底
碳酸氫鈉 250g
酸類混合物 150g
玉米粉 30g
SLSA 起泡粉 50g
甜杏仁油 20mL
椰子油甜菜鹼 50mL

精油
柑橘精油 5mL
綠薄荷精油 3mL
薰衣草精油 2mL

色澤添加物
綠色食用色素 少許
藍色食用色素 少許

··· 設計草圖

白色泡泡浴芭團 250g
··➤ 泡泡浴芭團 250g

● 薄荷色泡泡浴芭團 250g
··➤ 泡泡浴芭團 250g、綠色＆藍色食用色素 少許

製作基底

1 把碳酸氫鈉、酸類混合物、玉米粉跟 SLSA 起泡粉裝入碗內並均勻攪拌。

2 將椰子油甜菜鹼、甜杏仁油裝到燒杯內量測。

3 在步驟 2 中加入綠薄荷精油與薰衣草精油並攪拌。

4 將步驟 3 倒入步驟 1 中均勻攪拌。

塑形

5 依據設計草圖將泡泡浴芭團分兩份，各自加入食用色素調色。

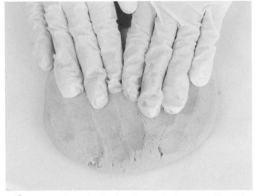

6 用手或用桿麵棍將兩塊泡泡浴芭團都壓成 0.5～1 公分厚。

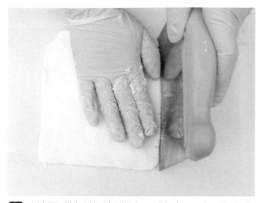

7 利用刮板修整邊邊，做出四方形的泡泡浴芭塊。

8 將兩塊泡泡浴芭團前後錯開 1 公分，左右靠齊相疊。

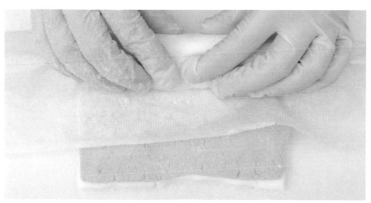

9 在烘焙紙上放泡泡浴芭團，像捲壽司般捲出長條圓筒狀。

熟成

10 按需求大小切塊後，放置乾燥約三小時以後即可使用。建議做好後密封保存。

tip

步驟 8 相疊泡泡浴芭團時，上方那塊要往後約 1 公分，這樣捲起來的尾端才不會太厚，形狀也更好看。另外，步驟 9 要像捲壽司那般，邊捲雙手邊用力壓，讓泡泡浴芭團紮實地緊密結合。

海浪泡泡浴芭

這裡利用了非常簡單的方法讓泡泡浴芭充滿獨特個性，請務必嘗試看看！僅僅用一顆鯨魚造型的皂章，就能打造出一顆如同有鯨魚徜徉其中的療癒大海泡泡浴芭，這舒適的氛圍是不是非常適合用來泡澡呢？

材料（70g＊7個）

基底
碳酸氫鈉 250g
酸類混合物 100g
玉米粉 30g
SLSA 起泡粉 50g
甜杏仁油 20mL
椰子油甜菜鹼 50mL

精油
薄荷精油 3mL
檸檬精油 2mL

色澤添加物
藍色食用色素 少許

… 設計草圖

⬤ 白色泡泡浴芭團 200g
⋯▸ 泡泡浴芭團 200g

⬤ 藍色泡泡浴芭團 300g
⋯▸ 泡泡浴芭團 300g、藍色食用色素 少許

製作基底

1 把碳酸氫鈉、酸類混合物、玉米粉跟 SLSA
起泡粉裝入不鏽鋼盆內並均勻攪拌。

2 將椰子油甜菜鹼、甜杏仁油裝
到燒杯內量測。

3 在步驟 2 中加入薄荷精油與檸檬精油
並拌勻。

4 將步驟 3 倒入步驟 1 中並均勻攪拌。

塑形

5 依據設計草圖將泡泡浴芭團分成兩份，其中
一份加入食用色素調色。

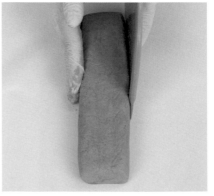

6 把藍色泡泡浴芭團捏成有厚度
的長條狀，並用刮板修整成長
方形。

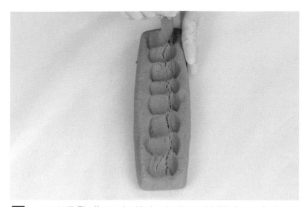

7 利用湯匙背面在藍色泡泡浴芭團上，由左而右刮出波浪狀。

8 利用刮板修整兩側散開的泡泡浴芭團。

9 將白色泡泡浴芭團捏成有厚度的長條狀，並用刮板將其修整成長方形。

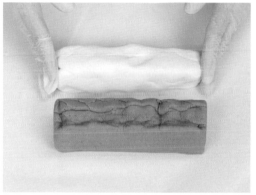

10 將白色泡泡浴芭團放到藍色泡泡浴芭團上。

11 仔細按壓，使兩個泡泡浴芭團緊密黏合。

12 運用湯匙或雙手推捏白色泡泡浴芭團，做出泡沫模樣。

切皂

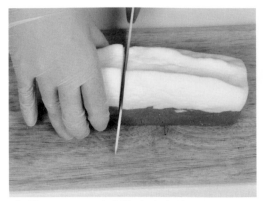

13 用刀子以稍快的速度前後移動,將泡泡浴芭塊切成厚片狀。

14 小心地將皂章壓在泡泡浴芭上。

熟成

15 用手輕輕修整壓泡泡浴芭的邊緣。

16 放置乾燥約三小時以後即可使用。建議做好後密封保存。

tip

蓋皂章時請小心按壓,過度用力可能會使泡泡浴芭裂開。

讓手工皂更精緻的包裝法

一顆顆設計獨特且飽含心意的手工皂，是世界上絕無僅有的禮物。現在，我們可以再進一步透過包裝提升質感，呈現更細緻優雅的品味！裝載著滿滿心意的禮物，大大凸顯了紀念價值。接下來，就為大家提供幾個能為手工皂帶來更多亮點的包裝方法。

・裝入透明包裝袋後綁帶

由於設計手工皂具有漂亮色彩，僅用透明袋簡單包裝也會十分亮眼。購買比手工皂的尺寸略大的透明包裝袋，將手工皂裝入其中後，用亮麗的緞帶或樸實的麻繩綁好。如果有封口機，也可以將包裝袋乾淨俐落地密封。通常在文具店或生活用品店皆有販售不同大小的透明包裝袋。

・用包裝紙包裝

如果想呈現自然不造作的風格，可以使用素雅的包裝紙來包裝，純樸的手工感看起來格外簡單純淨，尤其想將手工皂送給長輩的話，相當推薦使用樸實的紙張來包裝。此外，建議選擇具有透氣性的紙張，可以讓冷製皂維持乾爽。只要挑選顏色淡雅的紙張，將手工皂包裝後用麻繩綁上就完成了。

・使用半透明霧面包裝袋

這是手工皂比較常見包裝方法，將手工皂裝入覆有一層塑膠的半透明霧面包裝袋並密封即完成，市面上的手工皂也多是以這種方法包裝，DIY 用品店或烘焙行都有販售。如果覺得太單調的話，密封後也可以用設計貼紙來點綴外包裝。

・自製貼紙裝飾

簡單乾淨的一張貼紙，就能將整個包裝質感往上提升一個層次。在密封包裝後貼上自己的獨家貼紙，或是將想要表達的文字或圖案，可以取代普通膠帶的固定作用，看起來也相當簡單俐落，不失質感。如果沒有自己設計貼紙的話，選擇具有設計感的插畫貼紙或風格紙膠帶也很適合。

・裝入編織籃或紙盒

先將完成的手工皂用保鮮膜或是包裝袋簡單密封後，裝入準備好的小紙盒或編織籃即完成。想呈現更加精美一點的風格，也可以把多種顏色的宣紙抓皺，或是將紙裁成大量細長條狀，鋪在紙盒或編織籃下再放入密封的手工皂，看起來心意滿滿，相當豐富。

・利用緞帶或標籤紙裝飾

在包裝袋上側打出孔洞，再綁上掛有獨家標籤紙的麻繩或緞帶，呈現具有個人風格的裝飾方式。標籤紙的作法也很簡單，將稍有厚度的紙裁剪成自己想要的標籤形狀，加上喜愛的圖案或文字就可以了。通常在文具店也找得到現成的標籤紙，可以直接應用。

基礎油的皂化價列表

油分	皂化價	油分	皂化價
椰子油	0.190	月桂葉油	0.155
棕櫚油	0.141	核桃油	0.135
橄欖油	0.134	蓖麻油	0.128
綠茶籽油	0.137	鴯鶓油	0.136
酪梨油	0.133	燕麥油	0.129
月見草油	0.136	白芒花籽油（Meadowfoam Seed Oil）	0.121
山茶花油	0.136	黑芝麻油	0.133
杏桃仁油	0.135	瓊崖海棠油	0.148
大豆油（豆油）	0.135	馬油	0.140
玫瑰果油	0.137	綿羊油	0.074
甜杏仁油	0.136	玉米胚芽油	0.136
澳洲胡桃油	0.139	金盞花油	0.135
苦楝油	0.139	棕櫚仁油	0.156
米糠油	0.128	琉璃苣籽油	0.136
摩洛哥堅果油	0.136	豬油	0.138
亞麻籽油	0.135	沙棘油	0.136
小麥胚芽油	0.131	猴麵包樹油	0.143
芥花油	0.124	夏威夷胡桃油	0.135
葡萄籽油	0.126	花椰菜籽油	0.123
葵花籽油	0.134	巴巴蘇油	0.175
荷荷芭油	0.135	蜂蠟油	0.069
紅花籽油	0.136	乳油木果油	0.128
榛果油	0.135	可可油	0.137
大麻籽油	0.134	芒果油	0.137
南瓜籽油	0.133	牛油	0.141
胡蘿蔔籽油	0.134	硬脂酸	0.148

INDEX

依類型區分

冷製皂
山茶花卡斯提爾皂 40
金盞花馬賽皂 44
爐甘石舒緩皂 48
山羊奶滋潤皂 52
柑橘親膚皂 58
扁柏草本皂 64
綠茶籽油皂 68
蒲公英修護皂 72
磨石子椰油皂 78
木炭控油皂 82
徜徉大海薄荷皂 86
漢方薑絲洗髮皂 90
檸檬去油洗碗皂 94
肉桂潔汙洗衣皂 100
柔和渲染潤澤皂 110
池邊風景潔淨皂 114
月升之夜薰衣草皂 120
薄荷山谷皂 126
香草天空皂 132
南瓜奶油蛋糕皂 138
紅絲絨杯子蛋糕皂 144
溫馨聖誕皂 150

透明感再製皂
乾燥花草本皂 160
金盞花雙層皂 164
純淨薄荷渲染皂 168
孔雀寶石皂 172
絲瓜絡花草皂 176
紅色大理石紋皂 180
三層布丁模具皂 184
魔幻彎月海洋皂 190

入浴劑
乾燥玫瑰氣泡彈 202
清新海洋氣泡彈 206
小旺來氣泡彈 210
提神薄荷足浴劑 214
薰衣草舒緩浴鹽 218
星月泡泡浴芭
奇異果泡泡浴芭 226
蛋糕捲泡泡浴芭 232
海浪泡泡浴芭 236

依功能區分

乾性肌
山茶花卡斯提爾皂 40
金盞花馬賽皂 44
爐甘石舒緩皂 48
山羊奶滋潤皂 52
柑橘親膚皂 58
扁柏草本皂 64
綠茶籽油皂 68

油性肌
綠茶籽油皂 68
蒲公英修護皂 72
磨石子椰油皂 78
木炭控油皂 82
徜徉大海薄荷皂 86
柔和渲染潤澤皂 110
池邊風景潔淨皂 114
月升之夜薰衣草皂 120
薄荷山谷皂 126
香草天空皂 132

混合肌
綠茶籽油皂 68
蒲公英修護皂 72
磨石子椰油皂 78
木炭控油皂 82
徜徉大海薄荷皂 86
漢方薑絲洗髮皂 90
柔和渲染潤澤皂 110
池邊風景潔淨皂 114
月升之夜薰衣草皂 120
薄荷山谷皂 126
香草天空皂 132
紅絲絨杯子蛋糕皂 144
溫馨聖誕皂 150
南瓜奶油蛋糕皂 138

敏感肌
爐甘石舒緩皂 48
山羊奶滋潤皂 52
柑橘親膚皂 58
扁柏草本皂 64
蒲公英修護皂 72
徜徉大海薄荷皂 86

漢方薑絲洗髮皂 90
柔和渲染潤澤皂 110
香草天空皂 132
溫馨聖誕皂 150

痘痘肌
金盞花馬賽皂 44
爐甘石舒緩皂 48
綠茶籽油皂 68
蒲公英修護皂 72
磨石子椰油皂 78
木炭控油皂 82
池邊風景潔淨皂 114
溫馨聖誕皂 150

抗老化
山茶花卡斯提爾皂 40
山羊奶滋潤皂 52
柑橘親膚皂 58
扁柏草本皂 64
池邊風景潔淨皂 114
月升之夜薰衣草皂 120
薄荷山谷皂 126
香草天空皂 132

舒緩異位性皮膚炎
山茶花卡斯提爾皂 40
金盞花馬賽皂 44
爐甘石舒緩皂 48
柑橘親膚皂 58
扁柏草本皂 64
徜徉大海薄荷皂 86

兒童肌膚
山茶花卡斯提爾皂 40
金盞花馬賽皂 44
爐甘石舒緩皂 48
柑橘親膚皂 58

作　者　陳美菁

出版社　蘋果屋

ISBN　9789869811842

溫和不刺激！
用 13 種精油做 200 款
清潔消毒品，打造潔淨、無毒、
芬芳的居家環境

★暢銷 15 刷《純天然精油保養品 DIY 全圖鑑》，全新續作★
居家整潔 × 消毒殺菌 × 空間芳香，
第一本用天然精油製作的「清潔用品全書」！

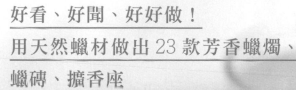

作　者　崔允鏡

出版社　蘋果屋

ISBN　9789869648509

好看、好聞、好好做！
用天然蠟材做出 23 款芳香蠟燭、
蠟磚、擴香座

★手作達人親授，第一本「蜜蠟花香氛燭」DIY 全書！★
從香氛芳療、居家裝飾，到療癒紓壓、佳節送禮都適用，
23 款質感滿分的芳香蠟製品，
時時散發自然香氣。

台灣廣廈 國際出版集團
Taiwan Mansion International Group

國家圖書館出版品預行編目（CIP）資料

植萃手工皂研究室：天然調色香，全家都好用！草圖設計×膚
質選擇×精油療效×配方比例，自然設計師的39款手作沐浴
提案／利理林ririrhim著；林坤翻譯. -- 初版. -- 新北市：蘋果
屋出版社有限公司, 2021.09
　　面；　公分.
ISBN 978-986-06689-2-6
1.肥皂

466.4　　　　　　　　　　　　　　　　　110010547

植萃手工皂研究室

天然調色香，全家都好用！草圖設計 × 膚質選擇 × 精油療效 × 配方比例，
自然設計師的**39**款手作沐浴提案

作　　　者／利理林ririrhim	編輯中心編輯長／張秀環・執行編輯／黃雅鈴
翻　　　譯／林坤	封面設計／曾詩涵・內頁排版／菩薩蠻數位文化有限公司
	製版・印刷・裝訂／東豪・承傑・秉成

行企研發中心總監／陳冠蒨　　　　媒體公關組／陳柔彣
　　　　　　　　　　　　　　　　綜合業務組／何欣穎

發　行　人／江媛珍
法 律 顧 問／第一國際法律事務所 余淑杏律師・北辰著作權事務所 蕭雄淋律師
出　　　版／蘋果屋 瑞麗美人國際媒體
發　　　行／蘋果屋出版社有限公司
　　　　　　地址：新北市235中和區中山路二段359巷7號2樓
　　　　　　電話：（886）2-2225-5777・傳真：（886）2-2225-8052

代理印務・全球總經銷／知遠文化事業有限公司
　　　　　　地址：新北市222深坑區北深路三段155巷25號5樓
　　　　　　電話：（886）2-2664-8800・傳真：（886）2-2664-8801
郵 政 劃 撥／劃撥帳號：18836722
　　　　　　劃撥戶名：知遠文化事業有限公司（※單次購書金額未達1000元，請另付70元郵資。）

■出版日期：2021年09月　　　　版權所有，未經同意不得重製、轉載、翻印。
ISBN：978-986-06689-2-6